中等职业学校教育创新规划教材

新型职业农民中职教育规划教材

畜禽繁育技术

李玉冰　李进德　主编

中国农业大学出版社

·北京·

内 容 简 介

本教材根据项目驱动式教学的需要，以引导学生主动学习为目的，进行体例架构设计，以适应中等农业职业教育和新型职业农民中职教育创新和改革的需要，密切结合我国畜禽生产实际，针对畜禽繁育岗位的技术任务需求，以畜禽繁育技术实践操作为主线，内容包括畜禽体尺测量技术、畜禽体形外貌鉴定技术、畜禽的选种与选配、畜禽杂交改良、畜禽生殖器官识别与生殖激素应用、公畜精液采集与保存技术、公畜精液实验室品质检验、母畜输精技术、母畜妊娠诊断与分娩助产技术、公禽精液采集与处理技术、家禽的输精技术、同期发情技术、超数排卵技术、移植胚胎技术，系统阐明了畜禽繁育技术的各个环节。本教材是中等职业学校教育及新型职业农民中职教育的专用教材，也可作为现代青年农场主的培育教材，国家职业技能鉴定参考教材，还可为畜禽养殖者提供参考及相关技术及管理人员培训的教材和参考用书。

图书在版编目(CIP)数据

畜禽繁育技术/李玉冰，李进德主编. —北京：中国农业大学出版社，2016.1
ISBN 978-7-5655-1466-1

Ⅰ.①畜…　Ⅱ.①李…②李…　Ⅲ.①畜禽育种-教材　Ⅳ.①S813.2

中国版本图书馆 CIP 数据核字(2015)第 319507 号

书　　名　畜禽繁育技术
作　　者　李玉冰　李进德　主编

策划编辑　张　蕊　张　玉
责任编辑　张　蕊
封面设计　郑　川
责任校对　王晓凤
出版发行　中国农业大学出版社
社　　址　北京市海淀区圆明园西路 2 号
邮政编码　100193
电　　话　发行部 010-62818525，8625
　　　　　编辑部 010-62732617，2618
读者服务部 010-62732336
出　版　部 010-62733440
网　　址　http://www.cau.edu.cn/caup
E-mail　cbsszs@cau.edu.cn
经　　销　新华书店
印　　刷　北京俊林印刷有限公司
版　　次　2016 年 3 月第 1 版　　2016 年 3 月第 1 次印刷
规　　格　787×1 092　　16 开本　　13.5 印张　　249 千字
定　　价　38.00 元

中等职业学校教育及新型职业农民
中职教育教材编审委员会名单

编写人员

主　编	李玉冰	北京农业职业学院教授
	李进德	南阳农业职业学院高级讲师
副主编	王小建	南阳农业职业学院讲师
	付静涛	北京农业职业学院副教授
	朱炳华	柳州畜牧兽医学校讲师
参　编	蔡泽川	北京农业职业学院副教授
	周　涛	南阳农业职业学院讲师
	李梦媛	南阳农业职业学院讲师
	胡　云	南阳农业职业学院讲师

编写说明

积极开展与创新中等职业学校教育与新型职业农民中职教育，提高现代农业与社会主义新农村建设一线中等应用型职业人才及新型职业农民的综合素质、专业能力，是发展现代农业和建设社会主义新农村的重要举措。为贯彻落实中央的战略部署及全国职业教育工作会议精神，特根据《教育部关于“十二五”职业教育教材建设的若干意见》《中等职业学校新型职业农民培养方案（试行）》和《中等职业学校专业教学标准（试行）》等文件精神，紧紧围绕培养生产、服务、管理第一线需要的中等应用型职业人才及新型职业农民，并遵循中等职业学校教育与新型职业农民中职教育的基本特点和规律编写了《畜禽繁育技术》教材。

《畜禽繁育技术》是养殖专业类核心课教材之一。本教材构思新颖，内容丰富，结构合理，定位于中等职业教育，紧扣岗位要求，以行动导向的教学模式为依据，以学习性工作任务实施为主线，以学生为主体，通过学习性工作任务中教、学、训一体化来组织教学，物化了本门课程历年来相关职业院校教育教学改革中所取得的成果，并统筹兼顾了中等职业学校教育及新型职业农民中职教育的学习特点。

本教材根据项目驱动式教学的需要，以引导学生主动学习为目的，进行体例架构设计，以适应中等农业职业教育和新型职业农民中职教育创新和改革的需要，密切结合我国畜禽生产实际，针对畜禽繁育岗位的技术任务需求，以畜禽繁育技术实践操作为主线，内容包括畜禽体尺测量技术、畜禽体形外貌鉴定技术、畜禽的选种与选配、畜禽杂交改良、畜禽生殖器官识别与生殖激素应用、公畜精液采集与保存技术、公畜精液实验室品质检验、母畜输精技术、母畜妊娠诊断与分娩助产技术、公禽精液采集与处理技术、家禽的输精技术、同期发情技术、超数排卵技术、移植胚胎技术，系统阐明了畜禽繁育技术的各个环节。教材编写时，始终本着“以实践操作为主体，以知识链接为补充”的精神，充分体现了在“产学结合”、在“做中学”的职业教育特点，引入了畜禽繁育的新要求和新技术。同时，在各任务的实施中，也注重了培养学生具有诚实、守信、肯干、敬业、善于与人沟通和合作的职业品质以及具有分析问题和解决问题的能力。教材中积极融进专业新理念、新技术、新方法，与国家职业技能鉴定并轨，也融入国家最新的相关专业政策，呈现课程的职业性、实用性和开放性。

本教材内容深入浅出、通俗易懂，具有很强的针对性和实用性，是中等职业学校教育及新型职业农民中职教育的专用教材，也可作为现代青年农场主的培育教材，国家职业技能鉴定参考教材，还可为畜禽养殖者提供参考及相关技术及管理人员培训的教材和参考用书。

本教材由北京农业职业学院李玉冰教授、南阳农业职业学院李进德高级讲师共同主编；由南阳农业职业学院王小建讲师、北京农业职业学院付静涛副教授、柳州畜牧兽医学校朱炳华讲师为副主编；北京农业职业学院蔡泽川副教授、南阳农业职业学院周涛讲师、李梦媛讲师与胡云讲师参加编写。最后由李玉冰、李进德与王小建负责统稿与部分统稿。原农业部科技教育司寇建平处长和原农业部教育培训中心陈肖安等同志对教材编写提供了宝贵意见和建议，在此一并表示感谢。

由于编者水平有限，加之时间仓促，教材中存在着不同程度和不同形式的错误和不妥之处，衷心希望广大读者及时发现并提出，更希望广大读者对教材编写质量提出宝贵意见，以便修订和完善，进一步提高教材质量。

编　者

2015 年 7 月

目　　录

模块一　畜禽体形外貌鉴定技术

模块二　畜禽杂交改良技术

模块三 家畜人工授精技术

模块四 家禽繁殖技术

模块五 胚胎移植技术

模块一　畜禽体形外貌鉴定技术

导读

畜禽体形外貌鉴定技术是畜禽场提高畜禽繁育效率的重要基础或前提。模块一为肉猪、肉羊、奶牛及禽类的体尺测量技术和体形外貌鉴定技术，以评测出优秀高产的畜禽。

项目一　畜禽体尺测量技术

任务1　畜禽体尺测量组织与准备工作

【学习目标】

针对畜禽场、畜禽繁殖场、育种场及改良场等部门岗位技术任务要求，学会畜禽体尺测量人员组织与测量场地、畜禽及工具的准备工作，掌握各种畜禽体尺测量工具的基本使用操作。

【操作与实施】

一、畜禽体尺测量的组织工作

畜禽体尺测量是育种中一项非常重要的任务，每年应组织人员认真做好测量鉴定工作。一般体尺测量和体形外貌鉴定是同时进行的，是种畜场重要的日常工作，应有专门组织机构和测量鉴定人员进行。每年测量鉴定前要制定工作计划，包括组织领导、培训鉴定人员等，各项内容应有专人负责，做好详细记录，必要时要定期培训。

测量人员对待动物要温和，自左前方接近动物，切勿粗暴对待，动作迅速确实。如对所测体尺有怀疑时，应立即重复进行，取其平均数。

二、测量前的准备工作

进行测量前，畜禽必须停食停水 4 h。测量应在平坦地面进行。测量时，被测个体必须自然站立在宽广而平坦的场地上，姿势端正；鉴定人员站在距离动物 5～8 m 远的地方，先对整个畜体环视一周，以便有一个轮廓的认识，并确定各部位发育是否匀称，然后根据不同需要，按照测量方法一一测量各项指标，并做好记录。每年测量鉴定前要制定工作计划，包括组织领导、培训鉴定人员，鉴定时间、地点，畜禽的种类、数量，鉴定方法和工具的标准化，人员分工，鉴定结果的登记和管理等内容。

三、测量工具与基本操作

测量前做好测量工具的检查和校正工作，了解器械的特性及其误差。体尺测量常用器具主要有直尺、测杖、体尺计、卡尺、卷尺等（图 1-1）。

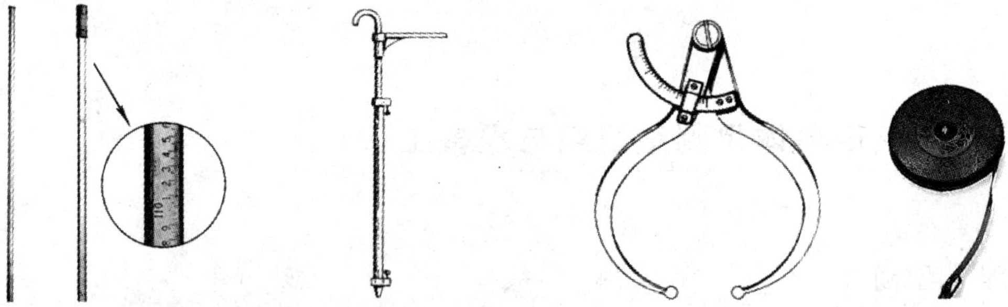

图 1-1 常用体尺测量器具

测量时，除注意测量部位外，还要掌握松紧程度，既不要在毛上悬空量取，也不要将器械压入皮内，而应使其紧贴体表，利用皮尺时应拉紧，并以能勉强插入二指为度。

任务 2 猪体尺测量技术

【学习目标】

针对种猪场、畜禽场、畜禽繁殖场、育种场及改良场等部门岗位技术任务要求，学会识别猪体表各部位名称，掌握猪体尺的测量方法。

【操作与实施】

一、猪体表各部位名称

猪体表部位名称包括：头部、颈部、肩部、鬐甲部、前臂、肩胛、腕部、掌部、前肢系部、前肢蹄部、背部、胸体侧部、腰部、肷部、下腹部、臀部、大腿、阴囊、小腿、飞节、跖部后肢系部和后肢蹄部，各部位的确切位置见图 1-2。

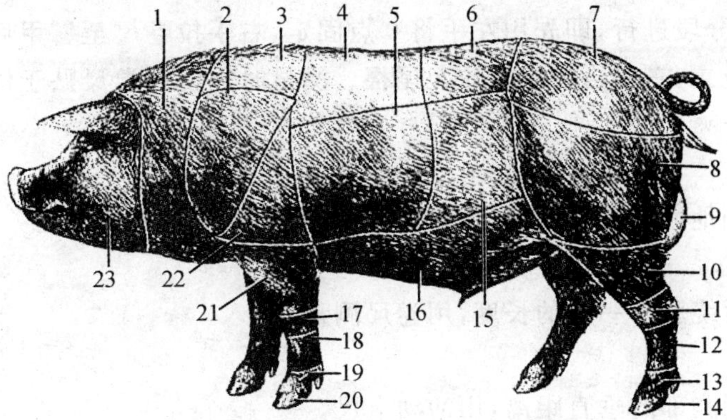

图 1-2　猪体表各部位名称

1.颈部　2.肩部　3.鬐甲部　4.背部　5.胸体侧部　6.腰部　7.臀部　8.大腿　9.阴囊　10.小腿　11.飞节　12.跖部　13.系部　14.蹄部　15.肷部　16.下腹部　17.腕部　18.掌部　19.系部　20.蹄部　21.前臂　22.肩胛　23.头部

二、猪体尺的测量方法

猪体尺测量部位的多少，因测量目的不同而定，最常用的测量项目包括体长、体高、胸围和胸深四项（图 1-3）。进行科学研究或培育新品种时，需要测量更多的指标。

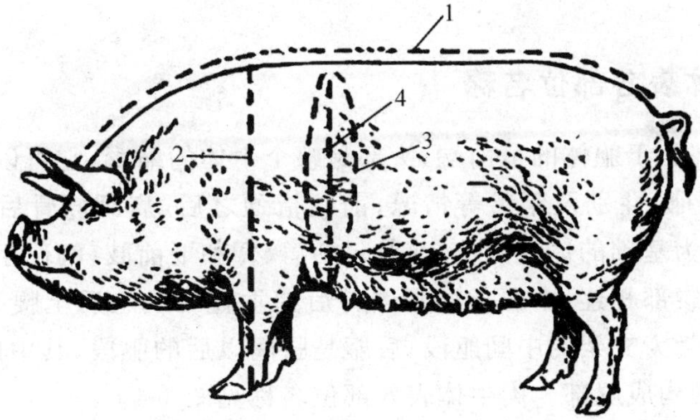

图 1-3　猪体尺测量部位

1.体长　2.体高　3.胸围　4.胸深

1. 体长

用 2 m 长的卷尺，将 0 刻度固定在两耳根连线的中点，沿背线一侧量到尾根。测量时应注意头的位置，使下颌、颈、胸成一直线。为了减少体躯移动影响测量的准确性，可以分段进行，即先用左手将 0 点固定，右手拉卷尺至鬐甲后固定，再移动左手到右手位置，右手再将卷尺拉至尾根。测量时须使用卷尺贴于体表，不宜拉得过紧或过松。

2. 体高

从鬐甲到地面的垂直高度，用测杖进行测量。

3. 胸围

从鬐甲后绕胸部一周的长度，用卷尺测量。

4. 胸深

从鬐甲到胸部的垂直距离，用活动卡尺。

任务 3 肉牛体尺测量技术

【学习目标】

针对种牛场、畜禽场、畜禽繁殖场、育种场及改良场等部门岗位技术任务要求，学会识别肉牛体表各部位名称，掌握肉牛体尺的测量方法。

【操作与实施】

一、肉牛体表各部位名称

肉牛头颈部位于躯体的最前端，头部是整个牛体的缩影，它可以反映出牛的生产类型、品种特征、性别及年龄等情况；前躯指颈之后、肩胛软骨后缘垂直切线之前，以前肢诸骨为基础的体表部位，前肢包括肩、臂和下前肢；胸位于鬐甲下方和两前肢之间，后与腹部相连；中躯指肩胛软骨后缘垂直切线之后至腰间垂线之间，以脊椎、腰椎和肋骨为支架的中间躯段；后躯是腰间以后的躯段，其中以骨盆、荐骨及第一尾椎为基础构成尻部。肉牛体表各部位名称见图 1-4。

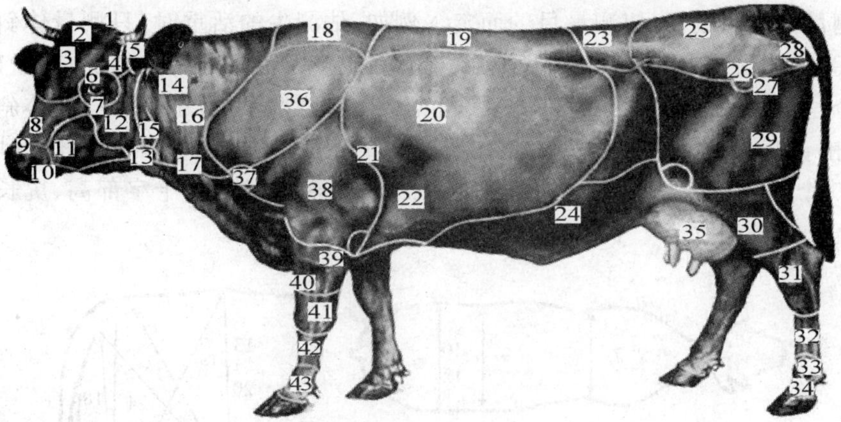

图 1-4 肉牛体表各部位名称

1.枕部 2.顶部 3.额部 4.颞部 5.耳廓部 6.眼部 7.眶下部 8.鼻部 9.鼻孔部 10.唇部 11.咬肌部 12.颊部 13.颏部 14.耳下部 15.喉部 16.颈部 17.颈下部 18.鬐甲部 19.背部 20.肋部 21.胸前部 22.胸骨部 23.腰部 24.腹部 25.荐骨部 26.髋结节 27.髋关节 28.坐骨结节 29.股部 30.膝部 31.小腿部 32.跗部 33.跖部 34.趾部 35.乳房 36.肩胛部 37.肩关节 38.臂部 39.肘部 40.前臂部 41.腕部 42.掌部 43.指部

二、肉牛体尺测量方法

测量体尺时，应令被测量的牛端正地站在平坦的地上，四肢的位置必须垂直、端正，左右两侧的前后肢均须在同一直线上；在牛的侧面看时，前后肢站立的姿势也须在一直线上。头应自然前伸，既不左右偏，也不高仰或下俯，后头骨与鬐甲近于水平(图 1-5)。只有这样的姿势才能得到比较准确的体尺数值。

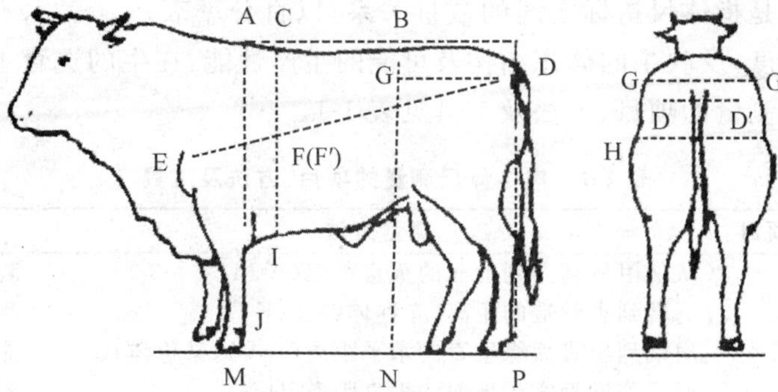

图 1-5 肉牛体尺测量部位示意图

A-M 体高 E-D 体斜长 A-D 体直长 B-N 背高 C-I 胸深
B-F(F′)胸宽 C-B 背长 H-H′髋宽 D-D′坐骨端宽

测量部位的数目，依测量目的而定。例如，估测牛的活重时，只测量体斜长（软尺）和胸围2项体尺即可。为了观察及检查在生产条件下的生长情况，测量部位可由6个（鬐甲高、体斜长、坐骨端宽、腰角宽、管围）到8个（鬐甲高、尻高、体斜长、胸围、管围、胸宽、胸深、腰角宽）。而在研究牛的生长规律时，则测量部位可增加到13～15个，即除上述8个部位外，再加头长、最大额宽、背高、十字部高、尻长、髋股关节宽和坐骨端宽等7个部位（图1-6）。

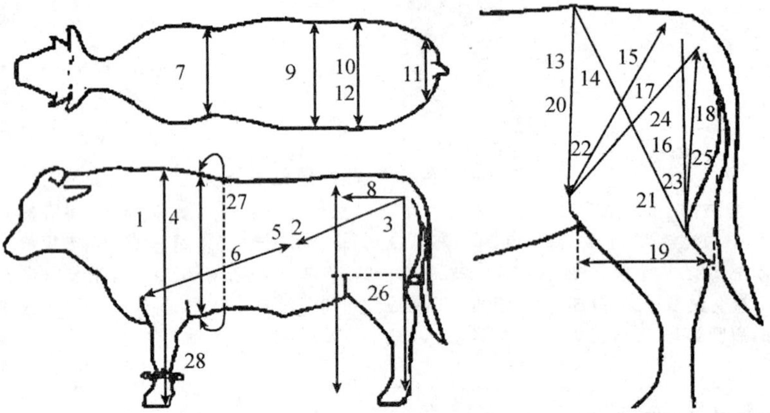

图1-6 肉牛体尺测量示意图

1.体高 2.腰高 3.坐骨端宽 4.胸深 5.体斜长 6.胸斜长 7.胸宽 8.尻长 9.腰角宽 10.髋宽 11.坐骨端宽 12.髋最大宽 13.腰角肷直距 14.腰角飞直距 15.尾根肷直距 16.尾根飞直距 17.坐骨直距 18.坐骨飞直距 19.髋最大长 20.腰角肷弧长 21.腰角飞弧长 22.尾根肷弧长 23.尾根飞弧长 24.坐骨肷弧长 25.坐骨飞弧长 26.股围 27.胸围 28.管围

体尺指数是指体尺指标之间的数量关系，以百分率表示。表示不同体躯部位的相对发育程度，反映牛的体态结构及可能的生产性能，在牛的选育上有一定的用途。肉牛体尺测量的项目、方法及工具见表1-1。

表1-1 肉牛体尺测量的项目、方法及工具

序号	测量项目	测量方法	测量工具
1	体高	从鬐甲最高点到地面的垂直距离（A-M）	测杖
2	体斜长	肩端到坐骨端的距离，亦称体斜长（E-D）	测杖或卷尺
3	体直长	肩端到坐骨后缘垂直的水平距离（A-D），又称体长	测杖
4	背高	最后胸椎棘突到地面的垂直距离（D-N）	测杖
5	胸深	沿肩胛骨后方，从鬐甲到胸骨的垂直距离（C-I）	测杖
6	胸宽	左右第6肋骨间的最大距离（F-F′）	测杖或圆测器
7	背长	从肩端垂直切线至最后胸椎棘突后缘水平距离（C-B）	测杖或圆测器

续表 1-1

序号	测量项目	测量方法	测量工具
8	尻长	腰角前缘至臀后缘的直线距离(C-D)	测杖或圆测器
9	髋宽	髋的最大宽度(H-H′)	圆测器
10	坐骨端宽	坐骨端外缘的宽度(D-D′)	圆测器
11	胸围	肩胛骨后角处体躯的垂直周长(C-I 周长)	卷尺
12	管围	前肢管骨上 1/3 处测量的周长(J 水平周长)	卷尺
13	头长	额顶至鼻镜上缘距离	卷尺或圆测器
14	腰高	两腰角中央到地面的垂直距离(B-N)	测杖
15	尻高	荐骨最高点至地面高度	测杖
16	颈长	枕骨中点到肩胛前缘下 1/3 处的距离	卷尺
17	额小宽	额最小宽度	圆测器
18	额大宽	两眼眶的最远点距离	圆测器
19	臀端高	坐骨结节至地面高度(D-P)	测杖
20	后腿高	在胫骨粗隆上端量取的高度	卷尺
21	前腿高	在肘突后缘上端量取的高度	卷尺
22	腰长	最后胸椎棘突的后缘到腰角前线切线的水平距离	测杖或圆测器
23	后躯宽	又称腰角宽,腰角处的最大宽度	测杖或圆测器
24	腿臀围	右侧后膝前缘,绕胫骨间至左侧后膝前缘半圆周径	卷尺

乳房的测量:乳房容积的大小,与产奶量有密切的关系。因此测定母牛乳房的最大生理容积,可作为评定产奶量高低的参考。测量应在最高泌乳胎次和泌乳高峰期(产后 1～2 个月)及在挤奶前进行。一般测量以下几个部位:

(1)乳房围　乳房最大的周径。

(2)乳房深度　后乳房基部(乳镜下部突出处)起至后乳头基部。

(3)由前乳头基部至乳房基部的高度。

(4)乳房半围　由前乳房基部至后乳房基部的高度。

(5)前后乳房两乳头间的距离。

(6)左右乳房两乳头间的距离。

(7)前(后)乳头后方的乳房半径。

任务 4　肉羊体尺测量技术

【学习目标】

针对种羊场、畜禽场、畜禽繁殖场、育种场及改良场等部门岗位技术任务要求,学会识别肉羊体表各部位名称，掌握肉羊体尺的测量方法。

【操作与实施】

一、肉羊的外貌部位名称

羊的体形外貌在一定程度上能反映出生产力水平的高低，为区别、记载每个羊的外貌特征，就必须识别羊的外貌部位名称(图 1-7)。

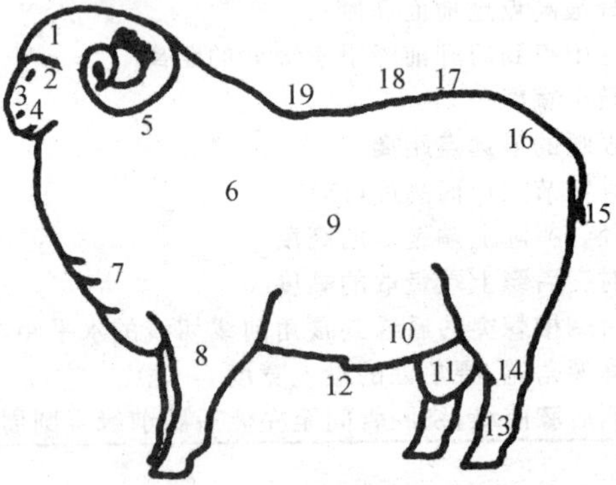

图 1-7 羊的外貌部位名称

1.头 2.眼 3.鼻 4.嘴 5.颈 6.肩 7.胸 8.前肢 9.体侧 10.腹部 11.阴囊 12.阴筒 13.后股 14.飞节 15.尾 16.臀 17.腰 18.背 19.鬐甲

二、羊的体尺测量方法

测量体尺用于确定羊的生长发育情况。测量时，场地要平坦，站立姿势要端正。

测定项目：主要有体高、体长、胸围、管围、十字部高、腰角宽等，根据目的而定，但必须熟悉主要的测量部位和基本的测量方法。

体高：由鬐甲最高点至地面的垂直距离。

体长：即体斜长，由肩端最前缘至坐骨结节后缘的距离。

胸围：由肩胛骨后缘绕胸一周的长度。

管围：左前肢管骨最细处的水平周径。

十字部高：由十字部至地面的垂直距离。

腰角宽：两侧腰角外缘间距离。

任务5　奶牛体尺测量技术

【学习目标】

针对种牛场、畜禽场、畜禽繁殖场、育种场及改良场等部门岗位技术任务要求，学会识别奶牛体表各部位名称，掌握奶牛体尺的测量方法。

【操作与实施】

一、奶牛体表各部位名称

奶牛体表部位名称是头顶、额、鼻梁、鼻镜、鼻孔、颌、颌垂、肩端、胸垂、前膝、肘端、蹄踵、蹄底、乳井、乳静脉、前乳房附着、前乳房、乳头、蹄、系、副蹄、飞节、尾、后乳房、后膝、腿、臀、坐骨端、尾根、髋、肷、尻、腰角、后肋、肩后、鬐甲(图1-8)。

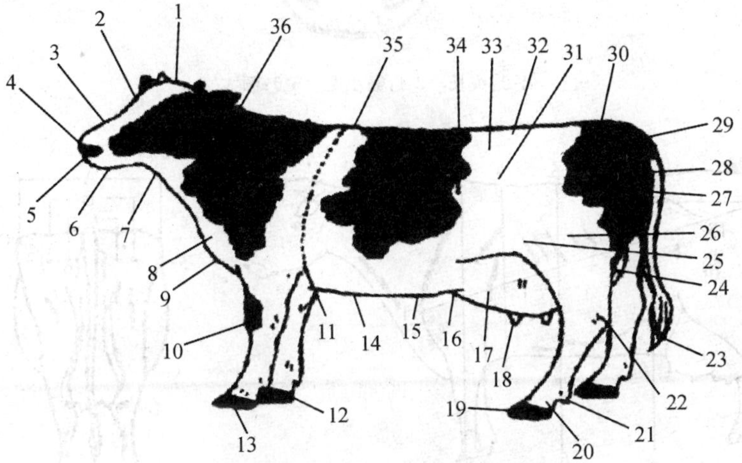

图1-8　奶牛体表各部位名称

1.头顶　2.额　3.鼻梁　4.鼻镜　5.鼻孔　6.颌　7.颌垂　8.肩端　9.胸垂　10.前膝　11.肘端　12.蹄踵　13.蹄底　14.乳井　15.乳静脉　16.前乳房附着　17.前乳房　18.乳头　19.蹄　20.系　21.副蹄　22.飞节　23.尾　24.后乳房　25.后膝　26.腿　27.臀　28.坐骨端　29.尾根　30.髋　31.肷　32.尻　33.腰角　34.后肋　35.肩后　36.鬐甲

二、奶牛体尺的测量方法

进行体尺测量时，应使牛站于平坦的地面上，肢势要端正，四腿成两行，从前往后看，前后腿端正，从侧面看，左右腿互相掩盖，背腰不弓不凹，头自然前伸，不左顾右盼，不昂头或下垂，待体躯各部呈自然状态后，迅速、准确地进行测量。体尺测量的项目，依测量目的而定。按各主要部位的指标分别进行测量，每项测量 2 次，取其平均值，做好记载，测量应准确，操作宜迅速（图 1-9）。

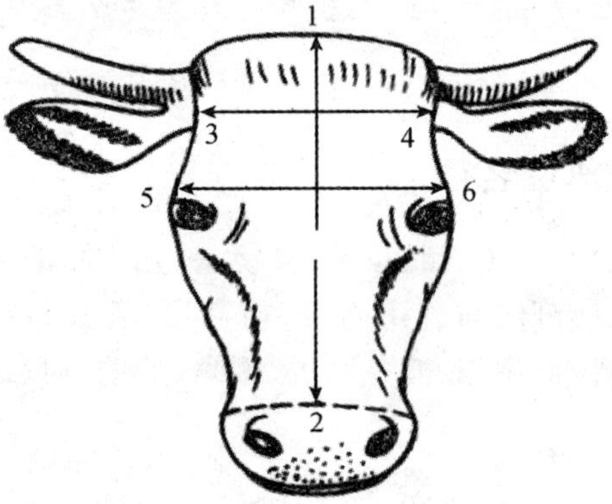

1-2：头长 3-4：额小宽 5-6：额大宽

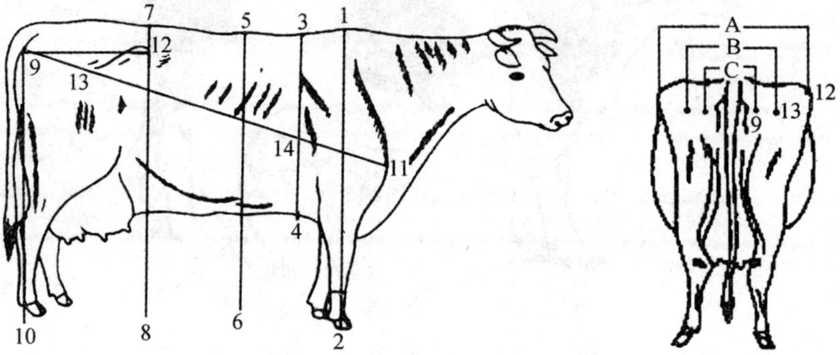

图 1-9 奶牛体尺测量主要部位

1-2. 体高 3-4. 胸围 5-6. 背高 7-8. 腰高 9-10. 臀端高 9-11. 体斜长
9-12. 臀长 13. 坐骨宽 14. 胸宽
A. 腰角宽 B. 髋宽 C. 坐骨端宽

(1)体高(鬐甲高) 鬐甲最高点到地面的垂直距离(测杖)。

(2)胸深 肩胛骨后方从脊椎到胸骨的直线距离(测杖)。

(3)胸围　肩胛骨后缘处体躯的水平周径，其松紧度以能插入食指和中指自由滑动为准(卷尺)。

(4)腰高(十字部高)　两腰角连线与腰椎相交点到地面的垂直距离(测杖)。

(5)荐高　尻部最高点到地面的垂直距离(测杖)。

(6)尻长　从腰角前缘到坐骨结节后缘的直线距离(测杖)。

(7)体长(体斜长)　由肩端到同侧坐骨端的距离(用卷尺或测杖测量，须注明)。

(8)体直长　由肩端到坐骨端后缘的水平距离(测杖)。

(9)管围　前肢掌骨上 1/3 处的周径，即前管最细处的周径(卷尺)。

(10)头长　从额顶(角间线)至鼻镜上缘的距离(卷尺)。

(11)最大额宽　眼眶最远点的距离(圆测器、卷尺)。

(12)坐骨宽　左右坐骨结节最外隆凸间的宽度(圆测器)。

(13)胸宽　两肩胛后缘之间的最大距离，即左右第六肋骨之间的距离(测杖)。

(14)腰角宽　两腰角外缘的距离(测杖、圆测器)。

(15)后腿围　从右侧的后膝前缘开始，绕尾下胫骨间至对侧后膝前缘的水平距离(卷尺)。

(16)乳房围　乳房最大的周径(卷尺)。

(17)腹围　腹部最粗部位的垂直周径，饱食后测量(卷尺)。

任务 6　禽类体尺测量技术

【学习目标】

针对种禽场、畜禽场、畜禽繁殖场、育种场及改良场等部门岗位技术任务要求，学会识别禽类体表各部位名称，掌握鸡、鸭体尺的测量方法。

【操作与实施】

一、鸡的体尺测量

(一)鸡体表部位名称

鸡体表部位名称有：头、喙尖、喙基、冠、睑、眼、肉髯、耳、耳垂、颈羽、颈前羽、喉、胸、肩胛、肩、肩羽、翼前羽、覆翼羽、副翼羽、主翼羽、覆主翼羽、背、鞍、鞍羽、后体羽、绒毛、腿羽、踵羽、大翅羽、小翅羽、覆尾羽、主尾羽、跖、距、足、蹼、趾、趾爪、跗关节等(图1-10)。

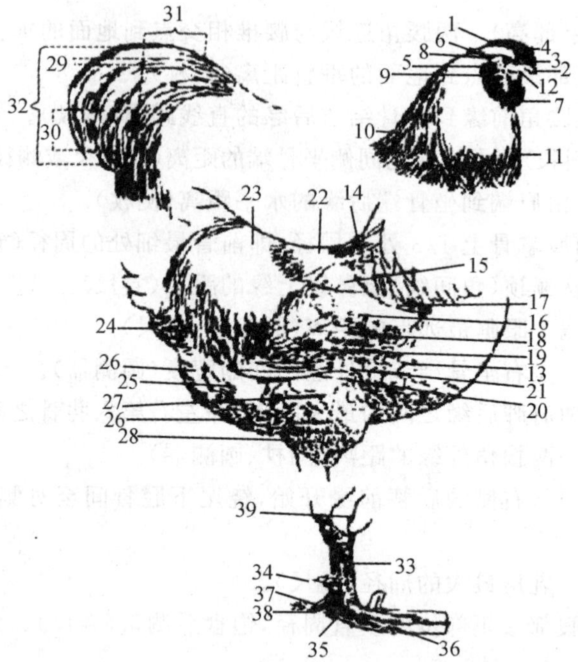

图1-10 鸡体表各部位名称

1.头 2.喙尖 3.喙基 4.冠 5.睑 6.眼 7.肉髯 8.耳 9.耳垂 10.颈羽 11.颈前羽 12.喉 13.胸 14.肩胛 15.肩 16.肩羽 17.翼前羽 18.覆翼羽 19.副翼羽 20.主翼羽 21.覆主翼羽 22.背 23.鞍 24.鞍羽 25.后体羽 26.绒毛 27.腿羽 28.踵羽 29.大翅羽 30.小翅羽 31.覆尾羽 32.主尾羽 33.跖 34.距 35.足 36.蹼 37.趾 38.趾爪 39.跗关节

(二)评定鸡体尺的指标和圈量方法

为了准确记载鸡的体形外貌及生长发育状况,研究其与生产性能的关系,施行规范化饲养管理和鸡新品系的培育,就必须对与生产性能密切相关的体尺指标进行测量,制定统一的标准。

(1)体斜长　为了了解禽体在长度方面发育情况,用皮尺测量锁骨前上关节到坐骨结节间的距离(皮尺)。

(2)胸宽　了解禽体的胸腔发育情况,用卡尺度量两肩关节间距离(卡尺)。

(3)胸深　了解胸腔、胸骨和胸肌发育状况,用卡尺度量第一胸椎至胸骨前缘间的距离(卡尺)。

(4)胸骨长　了解体躯和胸骨长度的发育情况,用皮尺度量胸骨前后两端间距离(皮尺)。

(5)胫长 了解体高和长骨的发育,通常采用测量胫的长度的方法。用卡尺度量跖骨关节,到第三趾与第四趾间的垂直距离(卡尺)。

(6)胸角 了解肉鸡胸肌发育情况,采用测量胸角的大小来表示。方法是将鸡仰卧在桌案上,用胸角器两脚放在胸骨前端,即可读出所显示的角度,理想的胸角应在 90°以上(胸角器)。与鸡的生产性能关系密切的,体形指数计算方法及意义列于表 1-2。

表 1-2 鸡体形指数计算方法及意义

指数名称	计算公式	意义
强壮指数	体重×100/体长	体形的紧凑性和家禽的肥度
体躯指数	胸围×100/体长	体质的发育情况
第一胸指数	胸宽×100/脑深	胸部相对的发育状况
第二胸指数	胸宽×100/胸骨长	胸肌的发育程度
髋胸指数	胸宽×100/腰宽	背的发育情况(到尾部是宽的或者是狭窄的)
高脚指数	胫长×100/体长	脚相对发育状况

二、鸭的体尺测量

(一)鸭体表各部位名称

鸭体表部位名称有:耳、眼、鼻孔、喙、颈胸、背、鞍、雄性羽、尾羽、腿、胫、趾、蹼、腹、主翼羽、副翼羽等(图 1-11)

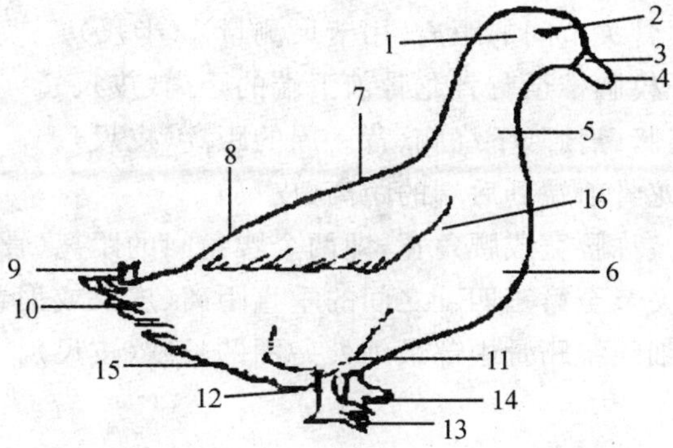

图 1-11 鸭体表各部位名称

1.耳 2.眼 3.鼻孔 4.喙 5.颈胸 6.背 7.鞍 8.雄性羽 9.尾羽 10.腿 11.胫 12.趾 13.蹼 14.腹 15.主翼羽 16.副翼羽

(二)评定鸭体尺的指标和测量方法

与鸭生产性能关系密切的测量指标主要有:半潜水长、胸深、龙骨长、胸长、体斜长、胸围、骨盆宽、喙长和喙宽等,测量方法见图 1-12。

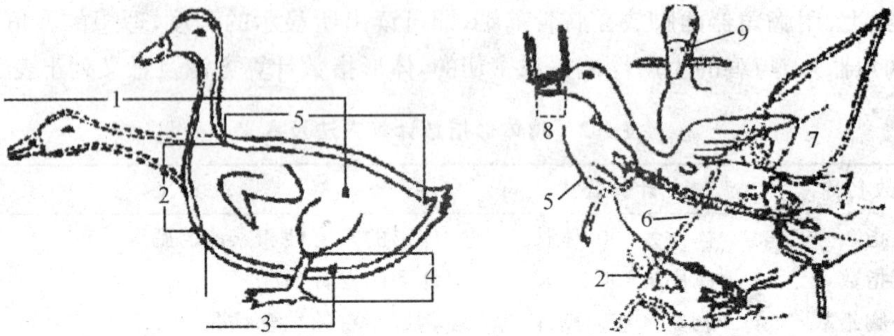

图 1-12 鸭主要体尺测量部位

1.半潜水长 2.胸深 3.龙骨长 4.腔长 5.体斜长 6.胸围 7.骨盆宽 8.嘴长 9.嘴宽

(1)喙宽 喙最宽处的直线距离(卡尺)。

(2)喙长 喙最前端至两喙角连线中央的直线距离(皮尺或钢卷尺)。

(3)颈长 头骨末端至最后一枚颈椎的距离(皮尺)。

(4)体斜长 锁骨前上关节至坐骨结节间的距离(皮尺)。

(5)体直长 最后一枚颈椎到尾骨基部的距离(皮尺)。

(6)半潜水长 喙前至两腰角连线的直线距离，自然拉直测量,即鸭在水面倒立采食时的测度(皮尺)。

(7)胸宽 两锁骨关节间的距离(用卡尺测量)(卡尺)。

(8)胸深 第一枚胸椎至胸骨龙骨前下端的距离(皮尺)。

(9)胸围 在翅膀(肩胛)下绕胸、背一周的距离(皮尺)。

(10)龙骨长 龙骨前端到后端的距离(皮尺)。

(11)骨盆宽 又称腰宽或腰角宽,即两个腰角间的距离(骨盆测量器)。

(12)足长 跖关节至第三四趾之间的垂直距离(皮尺或钢卷尺)。

(13)胫围 用细线绕跖骨中部最细处一圈的长度(皮尺)。

项目二　畜禽体形外貌鉴定技术

任务 7　肉猪体形外貌鉴定技术

【学习目标】

针对种猪场、畜禽场、畜禽繁殖场、育种场及改良场等部门岗位技术任务要求，识别肉猪体形外貌特点，掌握肉猪体形外貌鉴定技术，学会优秀长白猪、大约克猪、杜洛克猪三个品种的评判标准。

【操作与实施】

一、肉猪体形外貌特点

每一品种的猪，在外貌上都具有一定的特征，进行选择时，必须对种猪的外貌有严格的要求，通过外貌鉴定可以了解猪的品质好坏。猪体表分区及其各部位的外貌特点如下。

1. 前躯

(1)头部　观察猪头部时，应注意其大小、长度、宽度，面部是否平直及全身发育是否匀称，不能单纯强调大小。一般窄头直面是原始晚熟型特征；头中等长且较宽，面部微凹是培育品种特征；面部过凹是过度培育的象征。耳的性状因品种而异，一般要求薄而透明，被软毛，耳薄皮薄，眼要大，明亮有神(图 1-13)。

(2)颈　平滑，与体躯衔接良好。兼用品种颈中等长，脂用品种颈较短。

(3)肩　应宽坦而倾斜，并与躯体紧密结合。凡肩呈现游离现象或肩其胸深为体高的 60％以上都不理想。侧面看，应紧密无皱纹，系短，副蹄不着地者为理想前肢。

1　　2　　3

图 1-13　猪头部形态

1.粗糙的头　2.直面过度弯的头　3.鼻面微有弯的头

2.中躯

(1)背　长、短、宽、窄都要适度，背脊要平或稍向上隆起，这样的猪比较适宜放牧；如背很窄，过分隆起呈鲤鱼背或下凹，则为缺点。

(2)腰　是背的自然延伸，应当前后衔接平滑，宽广而多肉。

(3)体侧　应平滑、结实、长、深。肋骨开张弯曲，侧视应成长方形。

(4)腹部　腹部要结实、丰满而富有弹性，与肋骨连接处无凹陷，腹线与地面平行。

(5)乳房　乳房发育良好，乳头分布均匀，排列整齐，无火山口状外翻乳头。乳头数目在 12 个以上，本地猪乳头应在 16 个以上。公、母猪的乳头数都影响后代，选择时必须注意。

3.后躯

(1)臀部　宽广、平坦而长，肌肉丰满，窄短或尖尻都是缺点。

(2)后腿　后腿要宽而厚，长而圆，肌肉丰满，飞节以上无凹陷。

(3)尾　尾根部应粗，到尾尖逐渐细。健康猪尾上翘，摆动的口或卷曲成卷。

(4)后肢　要宽、腿要直，飞节角度正常，系部短直。

4.其他部位

(1)睾丸　大小匀称，阴囊皮肤紧而富有弹性。单睾、隐睾为严重缺点。

(2)皮肤　应薄而有弹力，全身分布均匀。白猪皮肤呈玫瑰色、灰色或苍白色，则反映出猪不健康。

(3)毛　应细、软、密而有光泽，全身分布均匀。

二、肉猪体形外貌鉴定技术

从整体到细节。即把猪放在比较宽敞的地方，自然站立，评定人站在距离猪3倍远的距离，从前向后，从上向下，正面、后面、侧面要仔细观察各个部位。

(一)头

头是品种特征的重要反应，包括头、额、嘴、鼻、耳、眼等部位。

(1)头　要求清秀，重量轻，不能太小，太小的个体往往神经质。

(2)额　宽、平。

(3)嘴　与前额平直，微凹，上下唇要结合良好，上唇不要比下唇长，嘴岔要深。

(4)鼻　鼻孔要开阔。

(5)耳　要薄，大小要符合品种的要求。

(6)眼　有神，两眼之间的距离要宽。

(二)头颈结合

结合要结实，与整体比例协调，颈部要宽厚，长度要适中，颈与肩部结合要好。

(三)前驱

(1)肩胛部　肩胛部宽广，与颈部和胸部结合要好，鬐甲要宽直，与肩胛结合良好，没有凹陷(肩胛与鬐甲之间没有明显的沟)。

(2)胸　要宽、深，肋骨要开张。肩胛部凹陷，胸部窄，肋骨扁平等都是不良的表现。

(四)中躯

(1)背　宽、长、平直，腹侧面要平滑；背与胸部及腰部结合要好。

(2)腹部　母猪腹部要大，腹线要平直；公猪腹部要小，腹线平直，肷部要深。

(3)背部缺陷　是“脊背如鱼背”；背部不平直，呈波浪形；背部向下凹陷。

(4)腹部缺陷　草腹大肚(公猪)；腹线不平直；吊肚(说明健康状况不好)。

(五)后躯

后躯是肌肉的载体，主要评定臀部与大腿，要求长、宽、平，肌肉丰满。长表示大腿发育良好。宽表示后腿开阔，后腿到飞节处不要太弯，平直最后，不良的表现主要是斜尻。

(六)尾根

着点要高，尾要粗，如果尾比较细，说明发育不好，采食量低，生产性能差。

(七)四肢

四肢要求健壮，自然站立时肢间距离要开阔，四肢的长短要整齐，站立时前后肢要在一条线上，走路不左右摇摆，尤其是两个前肢的距离一定要宽；四肢均无"O"形腿。系部要短、粗壮富有弹性，稍向前伸，与腕部的角度呈45°，系部不良的表现是直系与卧系。

(八)生殖器官与乳头

(1)乳头　乳头数要在6对以上，乳房靠前，左右对称，乳头大小整齐，无小乳头、瞎乳头、内陷乳头。

(2)生殖器官　母猪阴户大小要适中，不上翘。公猪：睾丸要左右对称，大小一样，睾丸与肛门之间的距离越大越好，但又不是明显的下垂，阴囊要大，最主要的缺陷就是隐睾、偏睾等。

三、评分标准

依据事先制定便于检查的标准，并对逐一检查项目都根据其部位的重要性确定不同的比例分数，总分为100分。检查时逐项评分，品质越差，则分数越低。总分在90分以上者为特等；一等的公猪应在85分以上，母猪应在80分以上；二等的公猪应在80分以上，母猪应在70分以上；三等的公猪应在70分以上，母猪80分以上。

目前，使用的主要品种为大白、长白和杜洛克。往往用长白公猪配大白猪，所产的F_1(杂交一代)长大二元母猪再与纯种杜洛克公猪配种后，所产生的F_2(杂交二代)杂交三元商品猪出售。良种瘦肉型的猪种虽然具有生长速度快，瘦肉率高的优点，但它对饲料质量的要求及饲养管理水平要求很高。饲料中所有营养成分的组成一定要平衡。否则，上述性状难以表现。另外，我国还有大量的土种猪，例如梅山猪、通城猪等。虽然我国猪种耐粗性好，适应性强，抗病力强，繁殖性能佳，但致命的弱点是生长速度慢、瘦肉率低和料肉比高。目前很多小型养殖户主要饲养的品种为土杂猪(即使用本地母猪一次、使用公猪两次的内三元杂交方式)，这种商品猪体形和瘦肉率都比较好，同时兼有良种猪和土种猪的优点，养殖经济效益也较高。选择母猪要查看其父母代的生产性能，有无遗传缺陷。躯体结构匀称，背腰长，肢蹄健壮，前胸后臀丰满，乳头数不能少于7对。公猪一定要是纯种，符合本品种体形外貌特征，身体结实，四肢强健，腹部紧收，睾丸发育良好，臀肩肌肉发达。关于长白猪、大约克猪、杜洛克猪3个品种的鉴定标准见表1-3至表1-5。

表 1-3　长白猪种猪鉴定标准

类　别	说　明	标准评分
一般外貌	大型，发育良好，舒展，全身大致呈梯形；头、颈轻，身体伸长，后躯很发达，体要高，背线稍呈弓状，腹线大致平直，各部位匀称，身体紧凑；性情温驯有精神，性征表现明显，体质强健，合乎标准。毛白色，毛质好有光泽，皮肤平滑无皱褶，应无斑点	25
头、颈	头轻，脸要长些，鼻平直；下巴正，面颊紧凑，目光温和有神，耳不太大，向前方倾斜盖住脸部，两耳间距不过狭；颈稍长，宽度略薄又很紧凑，向头和肩平顺地移转	5
前躯	要轻、紧凑，肩的附着好，向前肢和中躯移转良好；胸要深、充实，前胸要宽	15
中躯	背腰长，向后躯移转良好，背大体平直强壮，背的宽度不狭，肋部开张，腹部深、丰满又紧凑，下肷部深而充实	20
后躯	臀部宽、长，尾根附着高，腿厚、宽，飞节充实、紧凑，整个后躯丰满；尾的长度、精细适中	20
乳房、生殖器	乳房形质良好，正常的乳头有12个以上，排列整齐，乳房无过多的脂肪；生殖器发育正常，形质良好	5
肢、蹄	四肢稍长，站立端正，肢间要宽，飞节健壮；管部不太粗，很紧凑，系部要短，有弹性，蹄质好，左右一致，步态轻盈准确	10
合计		100

表 1-4　大约克夏种猪鉴定标准

类　别	说　明	标准评分
一般外貌	大型，发育良好，有足够的体积，全身大致呈长方形；头、颈应轻，身体富有长度、深度和高度，背线和腹线外观大体平直，各部位结合良好，身体紧凑；性情温驯有精神，性征表现良好，体质强健，合乎标准；毛白色，毛质好有光泽，皮肤平滑无皱褶，应无斑点	25
头、颈	头要轻，脸稍长，面部稍凹下，鼻端宽，下巴正，面颊紧凑；目光温和有神，两眼间距宽，耳朵大小中等，稍向前方直立，两耳间隔宽；颈不太长，宽度中等紧凑，向前和肩移转良好	5
前躯	不重，紧凑，肩附着良好，向前肢和中躯移转良好；胸部深、充实，前胸宽	15
中躯	背腰长，向后躯移转良好，背平直，健壮，宽背，肋开张好，腹部深、丰满很紧凑，下肷部深、充实	20

续表 1-4

类别	说明	标准评分
后躯	臀部宽、长，尾根附着高，腿应厚、宽，飞节充实、紧凑，尾的长度、粗细适中	20
乳房、生殖器	乳房形质良好，正常的乳头有12个以上，排列良好，乳房无过多的脂肪；生殖器发育正常，形质良好	5
肢、蹄	四肢较长，站立端正，肢间距宽，飞节强健。管部不太粗，很紧凑，系部要短、有弹性，蹄质好、左右一致，步态轻盈准确	10
合计		100

表 1-5 杜洛克种猪鉴定标准

类别	说明	标准评分
一般外貌	近于大型，发育良好，全身大体呈半月状；头、颈要轻，体要高，后躯很发达，背线从头到臀部呈弓状，腹线平直，各部位结合良好，身体紧凑；性情温驯有精神，性征表现明显，体质强健，合乎标准毛色褐色，毛质好有光泽，皮肤平滑无皱褶，应无斑点	25
头、颈	头要轻，脸的长度中等，面部微凹，下巴正，面颊要紧凑，目光温和有神，两眼间距宽，耳略小，向前折弯，两耳间隔宽，颈稍短，宽度中等，很紧凑，向头和肩移转良好	5
前躯	不重，很紧凑，肩附着良好，向前肢和中躯移转良好，胸部深、充实，前胸宽	15
中躯	背腰长度中等，向后躯移转良好，背部微带弯曲，健壮，背要宽，肋开张好，腹部深，很紧凑，下肷部深、充实	20
后躯	臀部宽、长，应不倾斜，腿厚、宽，小腿很发达、紧凑，尾的长度、粗细适中	20
乳房、生殖器	乳房形质良好，正常的乳头有12个以上，排列良好；乳房无过多的脂肪；生殖器发育正常，形质良好	5
肢、蹄	四肢较长，站立端正，肢间要宽，飞节健壮。管部不太粗，很紧凑，系部要短，有弹性，蹄质好、左右一致，步态轻盈、准确	10
合计		100

在猪的育种中，对体形外貌的评定过去人们常用肉眼来评判一头猪的肌肉生长情况，现在可借助仪器（如B型超声波仪）来客观地测量背膘厚和眼肌厚（或面积），逐渐取代了外观的肌肉生长评分。但有些体形外貌性状如乳腺和肢蹄，在育种实践中仍然具有重要意义。乳腺应具有足够的发育良好的乳头。四肢应具有理想的关节角度和健壮的蹄子，以保证猪能以正确的姿势稳定地站立。

任务 8　肉牛体形外貌鉴定技术

【学习目标】

针对种牛场、畜禽场、畜禽繁殖场、育种场及改良场等部门岗位技术任务要求，识别肉牛体形外貌特点，掌握肉牛体形外貌鉴定技术，学会优秀肉牛的评判标准。

【操作与实施】

一、肉牛的外貌特点

从肉牛的整体来看，肉用牛的外貌特点是：体躯低垂，皮薄骨细，全身肌肉丰满、疏松而匀称，细致疏松型表现明显。前望、侧望、上望和后望，均呈“矩形”。

(1)前望　由于胸宽而深，鬐甲平广，肋骨十分弯曲，构成前望矩形。

(2)侧望　由于颈短而宽，胸、尻深厚，前胸突出，股后平直，构成侧望矩形。

(3)上望　由于鬐甲宽厚，背腰和尻部广阔，构成上望矩形。

(4)后望　由于尻部平宽，两腿深厚，同样也构成后望矩形。

正由于肉牛体形方整，在比例上前后躯较长而中躯较短，全身显得粗短紧凑。皮肤细薄而松软，皮下脂肪发达，尤其是早熟的肉牛多其背、腰、尻及大腿等部位的肌肉中，夹有丰富的脂肪而形成大理石纹状。被毛细密而富有光泽，呈现卷曲状态的，是优良肉用牛的特征。

再从肉用牛的局部来看，与产肉性能关系重要的有鬐甲、背腰、前胸和尻等部位，其中尤以尻部为最重要，是生产优质肉的主要部位。鬐甲要求宽厚多肉，与背腰在一条直线上。前胸饱满，突出于两前肢之间。垂肉细软而不甚发达。肋骨比较直立而弯曲度大，肋间隙亦较窄。两肩与胸部结合良好，无凹陷痕迹，显得十分丰满多肉。背、腰要求宽广，与鬐甲及尾根在一条直线上，显得十分平坦而多肉。沿脊椎两侧和背腰肌肉非常发达，常形成“复腰”。腰短赚小腰线平直、宽广而丰圆，整个中躯呈现一粗、短圆筒形状。

尻部应宽、长、平、直而富于肌肉，忌尖尻和斜尻。两腿宽而深厚，显得十分丰满。腰角丰圆，不可突出。坐骨端距离宽，厚实多肉多连接腰角、坐骨端宽与飞节3点，要构成丰满多肉的三角形。

二、肉牛体形外貌鉴定技术

主要用肉眼观察牛的外貌，在某些情况下，还要借助体尺测量和手的触摸以对牛体各个部位和整体进行鉴定。

肉眼观察牛外貌和进行体尺测量时，应使被鉴定的牛自然地站立在宽广而平坦的场地上。首先，鉴定人员站在距牛 5～8 m 远的地方，进行一般的观察，对整个畜体环视一周，以便有一个轮廓的认识，并确定牛体各部位发育是否匀称。然后站在牛的前面、侧面和后面分别进行观察。从前面观察头部结构、胸和背腰的宽度、肋骨的扩张度和前肢的肢势等。从侧面观察胸部的深度，整个体形、肩及尻的倾斜度，颈、背、腰等部位的长度、乳房的发育情况及各部位是否匀称。从后面观察体躯的容积和尻部发育情况。肉眼观察完毕，必要时再用手触摸牛体，了解其皮肤、皮下组织（脂肪）、肌肉、骨筋、毛、角、乳房等发育情况。最后让牛自由行走，观察四肢动作、肢势与步态及相互间的协调性。

从整体来看，肉牛体躯低垂、皮薄骨纫，全身肌肉丰满，疏松而匀称。肉牛全身各部具有丰富的肌肉，理想的体形呈“长方砖形”。从前面看，由于胸宽而深、鬐甲平广、肋骨开张而肌肉丰满，构成前望矩形；从上面看，由于鬐甲宽厚、背腰和尻部广阔，构成上望矩形；从侧面看，由于颈短而宽、胸和尻深厚，腹背线平行，股后平直，构成侧望矩形；从后看，由于尻部平广，两腿深厚，构成后望矩形。肉牛体形方正，前后躯较长，全身显得粗短紧凑，皮薄而软，皮下脂肪发达，被毛细密而富有光泽。

从局部来看，鬐甲要求宽厚多肉，与背腰在同一直线上。前胸饱满，突出于两前肢之间。垂肉细软而不甚发达，肋骨弯曲度大，肋间隙较窄。两肩与胸部结合良好，无凹陷痕迹，显得丰满多肉。背腰要求宽广，与鬐甲及尾根在一条直线上，显得平坦多肉。沿脊柱两侧和背腰肌肉发达，常形成“复腰”。腹线平直、宽广而丰满、整个中躯呈现粗细圆筒形。

尻部要求宽、长、平、直而富于肌肉，忌尖尻或斜尻，两腿宽而深厚，腰角丰满不突出，坐骨端距离宽，厚实多肉。

三、肉牛外貌评分法

（一）肉牛体形线性评分

按连续变化顺序打分，评定项目按照肉用牛评定要求，分为肌肉发达程度、骨骼的粗细和皮肤的厚薄，并针对特殊需要对一些部位挑选后确定，共 4 类 16 项，全 50 分（即 50 分制）。

所评定的 4 个系统包括结构、肌肉度、细致度和乳房，其中结构包括头大小、腰平整、尻倾斜度、前肢势、后肢势和系部 6 项；肌肉度包括鬐甲部、肩部、胸宽、腰厚、大腿肌肉和风形 6 项，细致度包括骨骼和皮肤；乳房包括附着延伸和容量、乳头。评定指标共 16 项见表 1-6。

表 1-6　肉牛体形线性评分标准

系统	性状	评分标准	评分标准				
			45 分	35 分	25 分	15 分	5 分
结构	头大小	头越小得分越高	非常小	小	适中	大	非常大
	腰平整	侧观胸后到十字部的背线	弓背非常严重	呈弓形	水平	下榻	严重下榻
	尻倾斜度	侧观坐骨端越高得高分	坐骨端非常高	水平	坐骨端低于腰角一个拳头	坐骨端非常低	坐骨端低斜
	前肢势	前观	两肢下部外倾，关节内靠呈 X 状	两肢外倾	两肢前观端正	两肢蹄部较近	两肢呈严重 O 状
	后肢	侧观	后肢端直呈象腿状	后肢较直	后肢肢势正确	后肢呈镰刀状	后肢严重镰刀状
	系部	侧观	系部很短，呈直系	系较短	系部端正	系部长而软	系部过长，出现严重卧系
肌肉	鬐甲	纵观	非常宽，呈倒盆地形	宽阔	适中，圆弓弧形	窄	尖瘦
	肩部	侧观	肌肉块很明显	肌肉发达	肌肉块可见，但分块不明显	肌肉瘦弱	非常瘦弱
	腰宽	纵观	特别宽	宽度好	适中	狭窄	很窄
	腰厚	侧观	特别厚实	厚度好	一般	薄	非常薄
	大腿肌肉	后观	后躯极较粗宽	后躯左右宽略小于腹	后短肌肉适中	髋部肌肉不明显	后躯明显消瘦
	尻性状	侧观	后躯明显，肌肉极发达	后躯肌肉较发达	中等	肌肉瘦，大腿平乏无肉感	大腿部消瘦
细致度	骨骼	管围部，关节和骨尾	非常细	较细致	适中	有粗糙感	非常粗糙
	皮肤	提肩胛后皮肤	非常薄，易拉起且弹性好	薄，易拉，有弹性	一般	有厚重感，不易拉起，缺乏弹性	非常厚，拉不起无弹性
乳房（母牛）	附着	侧观上底部	前延后伸极好	伸展大	一般，即呈圆形乳房	窄而弱	非常弱，呈山羊乳房状
	乳头	侧观	非常大	大	适中	较细小	很小

此外，在肉牛体形线性评定中，常常同时记载一些其他情况，以便进行客观的统计分析。记载内容有：品种体形外貌整体评分、公、母、毛色、繁殖记录、饲养条件、鬐甲高度、体斜长和体重。

(二)肉用牛百分评定法

百分评定法是我国传统的牛外貌评分鉴定法，该法将牛体各部位依其重要程度给予一定的分数，总分 100 分。鉴定人员根据外貌要求，分别评分，并综合各部位评得的分数，得出总分数。最后按给分标准，确定外貌等级及中国良种黄牛外貌鉴别评分表、黄牛外貌等级评定表见表 1-7 至表 1-10。

表 1-7 肉牛外貌鉴别评分表

部位	鉴别要求	评分	
		公牛	母牛
整体结构	品种特征明显，结构匀称，体质结实，肉用体形明显，肌肉丰满，皮肤柔软有弹性	25	25
前躯	胸宽深、前胸突出、肩胛宽平、肌肉丰满	15	15
中躯	肋骨张开、背腰宽而平直、中躯呈圆桶形、公牛腹部不下垂	15	20
后躯	尻部长、平、宽，大腿肌肉突出伸延，母牛乳房发育良好	25	25
肢蹄	肢势端正，两肢间距宽，蹄形正，蹄质坚实，运步正常	20	15
合计		100	100

表 1-8 肉牛外貌等级评定表

性别	特等(分)	一等(分)	二等(分)	三等(分)
公牛	85	80	75	70
母牛	80	75	70	65

表 1-9 中国良种黄牛外貌鉴别评分表

项目	满分标准	公牛		母牛	
		满分	评分	满分	评分
品种特征及整体结构	根据品种特征，要求具有该品种的全身被毛、眼圈、鼻镜、蹄趾等的颜色；角的形状、长短和色泽 体质结实、结构均匀、体躯宽深，发育良好，皮肤粗厚，毛细短、光亮、头型良好，公牛有雄相，母牛俊秀	30		30	

续表 1-9

项目		满分标准	公牛		母牛	
			满分	评分	满分	评分
躯干	前躯	公牛鬐甲高而宽,母牛较低但宽。胸部宽深,肋弯扩张,肩长而斜	20		15	
	中躯	背腰平直、宽广,长短适中,接合良好,公牛腹部成圆筒形,母牛腹大不下垂	15		15	
	后躯	尻宽、长,不过斜,肌肉丰满,公牛睾丸两侧对称,大小适中,附睾发育良好,母牛乳房呈球形,发育良好,乳头较长,排列整齐	15		20	
四肢		肢势良好,壮健有力,蹄大、圆、坚实、蹄缝紧,动作灵活有力,行走时后蹄超前蹄	20		20	
合　计			100		100	

表 1-10　黄牛外貌等级评定表

等级	公牛(分)	母牛(分)
特级	⩾85	⩾80
一级	80	75
二级	75	70
三级	70	65

任务 9　肉羊体形外貌鉴定技术

【学习目标】

针对种羊场、畜禽场、畜禽繁殖场、育种场及改良场等部门岗位技术任务要求,识别肉羊体形外貌特点,掌握肉羊体形外貌鉴定技术,学会优秀肉羊的评判标准。

【操作与实施】

一、肉羊体形外貌特点

无论绵羊还是山羊,不同生产用途的体形外貌亦不一样。就肉羊来说,外形结构和体躯部位具备以下特点。

(1)皮肤　皮下结缔组织及内脏器官发达,脂肪沉积量高,皮肤薄而疏松。

(2)骨骼　一般日粮中营养丰富,饲料中矿物质充足,钙化,骨骼生长早期停止,故骨骼较短。

(3)头骨　一般头部较宽,鼻梁稍向内弯曲或呈拱形。

(4)颈骨　一般颈部较短,由于颈部肌肉和脂肪发达而呈圆形。

(5)鬐甲　鬐甲的部位是由前5～7个脊椎骨连同其棘突及横突构成。肉用羊的鬐甲很宽,与背部平行,由于脊椎横突较长和棘突较短,脊椎上长有大量的肌肉和脂肪,显得肌肉发达,鬐甲也显得宽,同时也可以看到发育良好的肌肉和皮下脂肪充满了所有脊椎棘突和横突之间的空隙,使背线和鬐甲构成一直线。

(6)背部　由于脊椎的横突较长,肋骨较圆,肌肉和脂肪发达,形成宽而平的背。

(7)腰部　腰部平、直、宽,故显出肉多。

(8)臀部　臀部与背部、腰部一致,肌肉丰满,后视两后腿开张呈倒U字形。

(9)胸部　胸腔阔而宽,长有大量的肌肉。虽然脊椎短,胸腔长度不足,但肋骨开张良好,显得宽而深。肉用羊如胸腔较小,则心脏不发达。

(10)四肢　四肢短而细,前后肢开张良好而宽,并端正,显得坚实有力。

二、肉羊体形外貌鉴定技术

1. 个体鉴定

个体鉴定是种羊场的一项重要工作,每年鉴定前要制定工作计划,包括组织领导、培训鉴定人员、鉴定时间和地点、羊群种类和数量、鉴定顺序、鉴定方法和工具、人员分工、鉴定结果登记和管理等内容。

(1)鉴定场地　应在羊圈舍或运动场内明亮的地方进行。最好在羊的通道两侧各挖一个长1 m、宽60～70 cm、深70～80 cm的坑,两坑间距为60～70 cm,便于保定人员和鉴定人员操作。鉴定完羊只要及时打上等级标记。

(2)鉴定方法　鉴定人员对全群先进行粗略的观察,对羊群品质特征和体格大小等有个感官的了解,然后,使羊姿势正常,保定在平整、光亮的鉴定地点,再做一番总体肉眼观察,主要观察头部、鬐甲、背腰、体侧、四肢姿势、臀部发育状态,以及母羊乳房和公羊睾丸等。各部位鉴定时,鉴定人员两眼平视羊背侧部,先看口齿,头部发育,面额部有无缺点,然后检查毛和肉的性能,在用手触摸检查时,五指伸直,借助指端手感来判定。

2. 产肉性能鉴定

用手触摸颈部肌肉充实程度,鬐甲至尾基部肌肉、臀和大腿肌肉发育情况、检查胸部的宽、深度和胸围的大小，然后检查腰角距离宽度，腰角至臀端的长度和后躯深度。以此对产肉性能做出评价。

3. 体形外貌鉴定

体形外貌鉴定的目的是确定羊的品种特征、种用价值以及生产水平。外貌评分具有很大的主观性，要求鉴定人员要有一定的经验。为了提高鉴定的客观性，可将外貌评定与体尺测量结合起来进行。

三、肉羊体形外貌鉴定评分方法

1. 外貌评分

不同生产性能的羊有不同的外貌特征，因而评分标准也不同。均是通过对各部位打分，最后求出总评分来表示评定结果。以肉羊为例：评定时将肉羊外貌划成四大部分，肉用公羊分为整体结构、肥育状态、体躯和四肢，各部分的给分标准分别为；25 分、25 分、30 分、20 分，合计 100 分；母羊分为整体结构、体躯、母性特征和四肢，各部分给分标准分别为：25 分、25 分、30 分、20 分，合计 100 分，以南江黄羊外貌鉴定评分标准为例，如表 1-11 所示。

表 1-11　南江黄羊外貌鉴定评分标准

项目		评定标准	评分	
			公	母
外貌	毛色	被毛黄褐色，富有光泽，有明显或不明显的黑色背线	14	14
	外形	体躯近似圆桶形，公羊雄壮，母羊清秀	6	6
	头	头大小适中，额宽平或平直，鼻微拱，耳长大或微垂，眼大有神，有角或无色	12	12
体躯各部	颈	公羊粗短，母羊中等，与肩结合良好	6	6
	前躯	胸部深广，肋骨开张，鬐甲高平	6	6
	中躯	背腰平直，腹部发育良好，且较紧凑	6	6
	后躯	荐宽、尻丰满、倾斜适度，母羊乳房犁形，发育良好	12	12
	四肢	粗直端正，蹄质坚实，圆形	18	18
发育情况	外生殖器	发育良好，双睾对称，母羊外阴正常	6	4
	羊体发育	肌肉充实，膘情中上	6	6
	整体结构	各部位结构匀称，紧凑，体质较结实	8	10
总计			100	100

2. 体形评定

羊的体形评定往往通过体尺测量(体高、体长、胸围、腹围、管围、十字部高、腰角宽及腿臀围等)后,计算体尺指数加以评定。

体长指数=体长/体高

体躯指数=胸围/体长

胸围指数=胸围/体高

骨指数=管围/体高

产肉指数=腿臀围/体高

肥度指数=体重/体高

3. 体况鉴定

在养羊生产中,随时评定繁殖母羊的体况是保证母羊发挥正常生产能力的重要措施。繁殖母羊体况鉴定可以采用 4 分制,详细评分标准参见表 1-12。体况以 3 分最为适宜,最好每月对基础母羊群进行一次体况评定,根据评定结果及时调整饲养方案。

表 1-12 繁殖母羊体况评定标准

部位	1 分(过瘦)	2 分(瘦)	3 分(适中)	4 分(肥)
脊突	明显突出,呈肩峰状	突体分明,肉很少	突体不明显,呈圆形峰	呈圆形,双脊背
尻部	狭窄,凹陷,骨骼外露	棱角分明,肉很少	稍圆,棱角不分明	丰满
尾部	瘦小,呈楔形	较小,不丰满	圆形,大小适中	大而丰满

任务 10 奶牛体形外貌鉴定技术

【学习目标】

针对种牛场、畜禽场、畜禽繁殖场、育种场及改良场等部门岗位技术任务要求,识别奶牛体形外貌特点,掌握奶牛体形外貌线性鉴定技术,学会优秀奶牛的评判标准。

【操作与实施】

一、奶牛体形外貌特点

(一)基本特点

皮薄骨细，血管显露，被毛细，短而有光泽，肌肉不甚发达，皮下脂肪沉积不多，胸腹宽深，后躯和乳房十分发达，细致紧凑型表现明显。从侧望、前望、上望均呈“楔形”。

(1)侧望　将背线向前延长，再将乳房与腹线连成一条长线，延长到牛头前方，而与背线的延长线相交，构成一个楔形。从这个体形可以看出奶牛的体躯是前躯浅，后躯深，表示其消化系统、生殖器官和泌乳系统发育良好，产奶量高。

(2)前望　由鬐甲顶点作起点，分别向左右两肩下方作直线并延长之，而与胸下的直线相交，又构成一个楔形。这个楔形表示鬐甲和肩胛部肌肉不多，胸部宽阔，肺活量大。

(3)上望　由鬐甲分别向左右二腰角引两根直线，与两腰角的连线相交，亦构成一个楔形。这个楔形表示后躯宽大，发育良好。

前躯较浅、较窄的外貌不是浅胸、平肋现象，而是指前后躯相对比较来说的。不要片面追求后躯有利于乳房发育的条件而完全忽视前躯的适当发育，必然导致胸廓狭小，心肺不发达，不仅不能提高奶产量，反而成为提高奶产量的障碍。

(二)乳房和尻部特点

一个发育良好的标准乳房，前乳房应向前延伸至腹部和腰角垂线之前，后乳房应向股间的后上方充分延伸，附着极高，使乳房充满于股间而突出于躯体的后方。由于结缔组织的良好支撑与联系，使整个乳房牢固地附着在两大腿之间而形成半圆形，4 个乳区发育匀称，4 个乳头大小、长短适中而呈圆柱状，乳头间相距很宽，底线平坦。这样的乳房称做“方圆乳房”，其底线略高于飞节。它具有薄而细致的皮肤，短而稀疏的细毛，弯曲而明显的乳静脉。其内部结构，腺体组织占 75%～80%，结缔组织占 20%～25%。这种乳房富于弹性，挤奶前、后形状变异较大，挤奶前由于乳腺充满了奶，乳房饱满，左右乳区间形成明显的纵沟，挤奶后纵沟消失，同时乳房(尤其是乳房后部)形成许多皱襞，乳房变得很柔软，不再如挤奶前的紧张而具有弹力。这种乳房，由于腺体组织显著发达，故亦称“腺质乳房”。如果乳房内部结缔组织过分发育，就会抑制腺体组织的发育和活动。这种乳房形状虽大，但缺乏弹性，挤奶前后乳房体积差别不大，这种乳房叫做“肉乳房”。畸形乳房是指在外形上和内部结构上发育不正常的乳房，在外形上主要表现为前后乳区和左右乳区明显分开，或某一个乳区较大或较小等发育不匀称，以及乳头大小、数目失常等种种情况，从内部结构上则主要表现在腺体组织与结缔组织的比例失常或内部韧带的松弛而形成的肉质乳房、悬垂乳房和漏斗乳房。凡具有这种乳房的奶牛，其产奶量一般是不会很高的（图 1-14、图 1-15）。

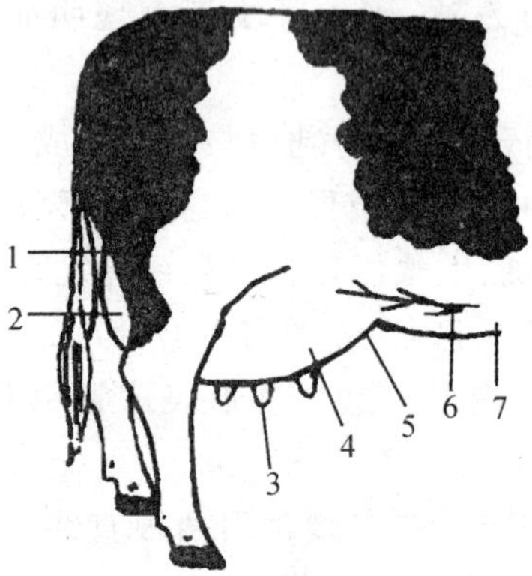

图 1-14　乳房各部位名称

1.乳房后附着部　2.后乳房　3.乳头　4.前乳房　5.乳房前附着部　6.乳静脉　7.乳井

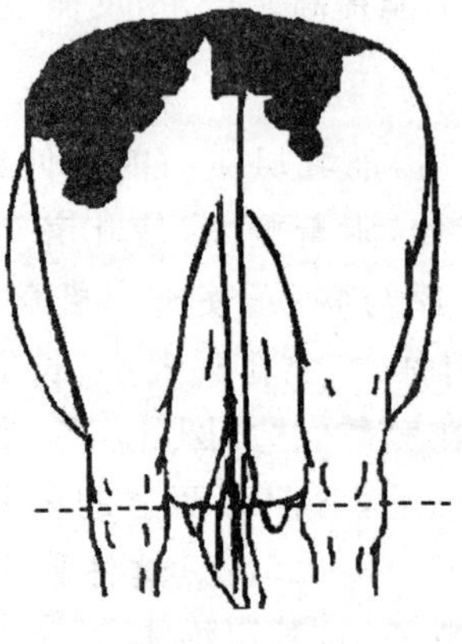

图 1-15　正常乳房下垂至飞节以上

乳静脉是从乳房沿下腹部经过乳井到达胸部，汇合胸内静脉而进入心脏的静脉血管，分为左右两条。它们是由乳房向心脏输送大量血液的主要脉管。一般青年牛或初产牛的乳静脉较细，但较富弹力。自第一次分娩后，乳静脉开始逐渐变粗，直到完全成熟为止。泌乳牛，特别是高产牛的乳静脉比干奶牛或低产牛的粗大、弯曲而且分枝多,这是血液循环良好的标志。乳静脉是否暴露明显,与乳房皮肤的厚薄和乳静脉位置的深浅有关。如果皮厚,乳静脉位置深,乳静脉就不容易明显暴露。故乳房的皮肤要薄而柔软,被毛细短、稀疏。

乳井是乳静脉在第八、九肋骨处进入胸腔所经过的孔道,它的粗细是说明乳静脉大小的标志。因此在鉴别乳静脉时,尤其是在深层乳静脉表现不明显的情况下,更要借助于手的触摸来鉴定乳静脉的发育情况。乳头应呈指状,长 7～9 cm,4 个乳头大小、长短一致。过长的乳头(10 cm 以上)可能是由于长期采取滑榨法造成的。乳头过长、过短和脂肪乳头均不受欢迎,无论用手工挤奶或电机挤奶都感不便。

尻部与乳房的形状有密切关系,尻部宽广,两后肢间距离就宽,才能容纳庞大的乳房。母牛狭窄的尻部,影响其乳房的发育,后肢间距亦狭,呈 X 状。据研究,乳房的宽度、长度和斜度,与尻宽、尻长和尻斜之间的相关系数分别为 0.113、0.173 和 0.148。因此,乳牛的尻部要宽、长而平,亦即腰角间与坐骨端间距离要宽,而且要在一个水平线上。髋、腰角与坐骨端的距离,以形成等腰三角形为上选。因为这样才能构成宽、长、平的尻部。

二、奶牛外貌的评定方法

奶牛体形线性评定原理是根据牛的生物学特性,通过系统分析研究各性状(部位)与生产性能的关系,确定各性状的线性评分标准,将与产奶有关的外貌性状分成体躯容积、乳用特征、一般外貌和泌乳系统 4 个特征性状,每个特征性状又包含若干个具体性状,共 29 个。其中 15 个是与经济价值相关性较大且变化较大的性状,称为主要性状,次要性状为 14 个。根据各性状表现型的分布情况,将每一性状表现型的两极之间分为 50 等份,一极为 1 分,另一极为 50 分,中间为 25 分。线性分的高低只是性状的客观描述,不直接反映该性状的优劣。在线性评分后,根据牛的生物学特性及各性状(部位)与生产性能的关系,将线性评分转换为功能分。再根据各性状的相对重要性,对每一性状给出一个加权系数,通过加权系数将各功能分总和为百分制,得到牛的总体评分。再根据总体评分,确定牛的外貌等级。

1. 体形鉴定时期

母牛在 1～4 个泌乳期之间、每个泌乳期在泌乳 60～150 d 内、挤奶前进行鉴定,用最好胎次成绩代表该个体水平。公牛在 2～5 岁,每年评定一次。多数的体形性状的线性评分与乳牛的年龄、泌乳阶段和饲养管理水平无明显的关系,不过为了提高评定的一致性和准确性,最理想的鉴定个体应处在头胎产犊后 90～120 d。

干乳期、产犊后、疾病期间以及6岁以上的乳牛不宜作评定对象。

2. 奶牛体形线性评定的性状识别和判断

线性评定的性状主要有主要性状、次要性状和管理性状3类。

主要性状：15个，体高、胸宽、体深、乳用性、尻角度、尻宽、尻长、后肢侧视、蹄角度、前乳房附着、后乳房高度、后乳房宽度、乳房悬垂、乳房深度、乳头位置。

次要性状：14个，有前躯相对高度、肩、背、阴门角度、后肢位置、后肢后望、动作灵敏度、前乳区伸展状况、前后乳区均衡性、乳头位置侧望、乳头大小、趾、尾根及系部。

管理性状：包括主要和次要管理性状。主要管理性状有行为气质、挤奶速度、乳腺炎抵抗力及繁殖性能4个。次要管理性状有乳房水肿、健康状态及产犊难易3个。

目前要求评定的性状有体高、胸宽、体深、棱角性、尻角度、尻宽、后肢侧视、蹄角度、前乳房附着、后乳房高度、后乳房宽度、乳房悬垂、乳房深度、乳头位置及乳头长度。

单个体形性状的识别与判断，我国现阶段主要注重鉴别评定15个主要性状。

(1)体高　体高为140 cm者属中等评25分，低于130 cm评1～5分，高于150 cm评45～50分；在140 cm基础上每增减1 cm，则线性分增减2分。通常认为，当代奶牛的最佳体高为145～150 cm。

(2)胸宽　胸宽反映了母牛保持高产水平和健康状态能力，奶牛胸部宽度用前内裆宽表示(即两前肢内侧的胸底宽度)。前内裆宽低于15 cm，属于极端纤弱窄缩的个体评1～5分，25 cm属于强健结实度中等的个体评25分，大于35 cm，极强健结实的个体评45～50分；在25 cm的基础上，每增减1 cm，增减2个线性分。通常认为，棱角鲜明、偏强健结实的体形是当代奶牛的最佳体形结构。从定等给分看，以线性评30～40分最佳，胸过宽产量低，胸窄的牛不耐久。

(3)体深　为奶牛体躯最后一根肋骨处腹下沿的深度。体深程度可反映个体能否采食大量粗饲料，以胸深率(即胸深与体高之比)表示。当胸深率为50%时属中等，评25分，极深的评45～50分，极浅的评1～5分；在50%的基础上每增减1%，增减3个线性分。此外，体深还需考虑肋骨开张度，最后两肋间不足3 cm扣1分，越过3 cm加1分，以左侧为准。通常认为，适度体深的体形是当代奶牛的最佳体形结构。

(4)棱角性(乳用性、清秀度)　主要观察奶牛整体的3个三角形是否明显，鬐甲棘突高出肩胛骨的清晰程度。其中等程度为头狭长清秀，颈长短适中，能透过皮肤隐约看到胸椎棘突的突起，四肢关节明显，胸侧面可见2～3根肋骨，评25分，极不清秀的评 1～5 分，极端清秀的评 45～50 分。

评定时，鉴定员也可依据第 12、13 肋骨，即最后两肋的间距衡量开张程度，两指半宽为中等程度，三指宽为较好。

(5)尻角度　依据腰角与坐骨结节连线与水平线的夹角大小进行线性评分，腰角高于坐骨结节时，所形成的角度为正角度，反之为负角度。尻角度小于 −6°评 1～5 分，+2°评 25 分，大于 10°评 45～50 分；在中间范围内，每增减 1°，增减 2.5 个线性分。当代奶牛的最佳尻角度是腰角稍高于坐骨结节，且两者连线与水平线呈 5°夹角。

(6)尻宽　尻宽主要是根据髋宽评分。髋宽在 15 cm 以下评 1～5 分，20 cm 评 25 分，24 cm 以上评 45～50 分；在 20 cm 的基础上，每增减 1 cm，增减 2 个线性分。通常认为，尻极宽的体形是当代奶牛的最佳体形结构。

(7)后肢　侧视依据侧望牛只后肢关节的弯曲程度进行线性评分。飞节角度大于 155°评 1～5 分，145°时评 25 分，小于 135°时评 45～50 分；在 145°的基础上，每增减 1°，增减 2 个线性分。通常认为，两极端的奶牛均不具有最佳侧视姿势，只有适度弯曲的体形（飞节角度为 145°）才是当代奶牛的最佳体形结构，且偏直一点的奶牛耐用年数长。后肢一侧伤残时，应看健康的一侧。

(8)蹄角度　依据蹄侧壁与蹄底的夹角进行评分。蹄角度小于 25°评 1～5 分，45°时评 25 分，大于 65°时评 45～50 分；在 45°的基础上，每增减 1°，增减 1 个线性分。适当的蹄角度(55°)是当代奶牛的最佳体形结构。蹄的内外角度不一致时，应看外侧的角度。评定时以后肢的蹄角度为主。

(9)前乳房附着　依据侧望乳房前缘韧带与腹壁连接附着的角度进行线性评分，角度越大，附着越紧凑。角度小于 90°评 1～5 分，110°时属于中等附着，评 25 分，大于 130°评 45～50 分；在 110°～130°范围之内，每增加 1°增加 0.67 个线性分，在 90°～110°范围内，每减少 1°减去 0.44 个线性分。通常认为，连接附着偏于充分紧凑（角度 110°～120°）的一些体形是当代奶牛的最佳体形结构。乳房损伤或患乳房炎时，应看不受影响或影响较小的一侧。

(10)后乳房高度　主要根据后乳房附着点（后腿窝连接乳房的转驻点）与飞节和臀端的相对位置而定，即依据后乳房附着点在中心点（臀端与飞节连线的中点）以上或以下的位置进行线性评分。后乳房附着点低于中心点 10 cm 以上评 1～5 分，与中心点重合评 25 分，高于中心点 10 cm 以上评 45～50 分；在与中心点重合的基础上，每增减 1 cm，增减 2 个线性分。附着点极高的体形是当代奶牛的最佳体形结构。

也可以根据乳汁分泌组织的顶部到阴门基部的垂直距离进行线性评分。该距离为 20 cm 以下，评 45～50 分，30 cm 评 25 分，40 cm 以上评 1～5 分；在 30 cm 的基础上，每增减 1 cm 线性评分变动 2 分。通常认为，乳汁分泌组织的顶部极高的体形是当代奶牛的最佳体形结构。

（11）后乳房宽度　它是影响乳房容积大小的因素之一，根据后乳房左右两附着点间的宽度评分。宽度在 7 cm 以下评 1～5 分，15 cm 时评 25 分，23 cm 以上评 45～50 分；在 7～23 cm 之间，每增减 1 cm，增减 1 个线性分。通常认为，后乳房极宽的体形是当代奶牛的最佳体形结构。刚挤完奶时，可依据乳房皱褶多少，加 5～10 分。

（12）悬韧带　主要根据后乳房底部中隔纵沟的深度评分，即在左右乳房之间的深度。0 cm 无角度向下松弛呈圆弧评 1～5 分，中等为深度 3 cm 呈钝角，评 25 分，6 cm 以上呈锐角评 45～50 分，在 3 cm 的基础上每增减 1 cm，增减 6.67 个线性分。通常认为，强度高的悬韧带是当代奶牛的最佳体形。

（13）乳房深度　乳房深度关系到乳房容积大小，从容积上考虑，乳房应有一定的深度，但过深时，乳房容易受伤和感染乳房炎。乳房深度根据乳房底部与飞节的相对位置评分，低于飞节 5 cm 以上评 1～5 分，高于飞节 5 cm 评 25 分，高于飞节 15 cm 以上评 45～50 分；在高于飞节 5 cm 的基础上，每增加 1 cm 增加 2 个线性分。通常认为，各有适宜深度的乳房才是当今奶牛的最佳体形结构，即初产牛应在 30 分以上，而 2～3 胎牛以大于 25 分、4 胎以大于 2 分为好。

（14）乳头位置　以前乳头在乳房基部的位置进行评分。它反映了乳头分布的均匀程度，关系到挤奶操作的难易和乳头是否容易发生损伤。乳头越离散，分数越低，极靠外评 1～5 分，乳头中央分布评 25 分，极靠内评 45～50 分。乳头中央分布：把后乳房宽分成三等份，左侧和右侧的两个乳头恰好处于三等分线上。主要根据后视前乳区乳头的分布情况进行评分。乳头分布稍靠得近的体形是当代奶牛的最佳体形结构。

（15）乳头长度　长度大于 9 cm 评 45～50 分，5 cm 评 25 分，长度小于为3 cm，评 1～5 分；变动 1.5 cm，线性评分变动 10 分。通常认为当代奶牛的最佳乳头长度为 6.5～7 cm。

三、奶牛体形外貌鉴定评分

线性评分是用 1～50 来衡量描述体形性状从一个极端到另一个极端不同程度的表现状态。这种线性评分的大小仅是代表性状表现的程度，不能直接用其数值大小说明性状的优劣，因为有些性状以处在极端为佳，而有些性状以处在中间状态为最好。以奶牛为例外貌评分鉴别及鉴别等级标准见表 1-13、表 1-14。

表 1-13 奶牛体形线形评分表

体形指标	线形评分					评定依据
	45 分	35 分	25 分	15 分	5 分	
体高	150 cm	145 cm	140 cm	135 cm	130 cm	鬐甲高
强壮度	非常结实	很结实	中等、前躯宽	狭窄	很狭、体弱	胸宽深、颌宽、骨量大而结实
体深	很深	深	中等程度	浅	很浅	肋骨长和开张度
棱角性	轮廓鲜明	稍强	中等程度	稍差	肉厚、粗糙	肋骨开张与清晰度、体态清秀度
前躯高	很高	高	尻至背平	低	背尻比很低	鬐甲至腰角为前躯,前躯与腰角比
肩	附着有力	结合好	中等程度	明显开张	极度鹰肩	肩和整体协调度
背	很结实、鲤背	结实	中等程度	弱	很差、凹背	看背腰结合
尻长度	$<10°$		$<2°$		逆$<2°$	腰角坐骨线与水平夹角,水平尻给 20 分
尻长	63 cm	58 cm	53 cm	48 cm	43 cm	腰角与坐骨的连线
尻宽	幅度很大	宽	中等	窄	骨盆很窄	以腰角宽、髋宽、坐骨宽评分
尾跟	尾跟挺起	尾跟高	中等	低	塌陷	用尾跟与坐骨相比来看高低
阴门角度	垂直	大体垂直	略倾斜	明显倾斜	非常倾斜或平	角度水平评 5 分以下,垂直给 45～50 分
后肢侧视	严重镰刀状	飞节镰刀状	飞角 145°	近乎直飞	直飞	从侧面看后肢的肢势
后肢踏着	极度前踏	前踏	中等程度	后踏	极度后踏	髋向下垂线从肢中央穿过,给 25 分
后肢后视	蹄尖不外向	稍向外、立笔直	中等程度	外向、飞节挨近	极度、飞节靠前	后往飞节位置来评定
乳房均匀	后躯略受损	前躯低、后吊	地面水平	后躯低,前吊	前乳区很小	乳区均衡给 25 分,乳房斜,则奶少
乳房后视	在内侧靠近	稍内侧分布	中央分布	稍外侧分布	乳头离开	评定乳头在乳底部的位置
乳房侧视	后乳头过前	稍前	中等	稍后	后乳头过后	前后乳头距离
乳头长	13 cm	9 cm	5 cm	3 cm	1 cm	乳头平均长度

表 1-14 外貌鉴别等级标准 分

性别	特等	一等	二等	三等
公牛	85	80	75	70
母牛	80	75	70	65

说明：对公、母牛进行外貌鉴定时，若乳房、四肢和体躯其中一项有明显生理缺陷者，不能评为特级；两项时不能评为一级；三项时不能评为二级。

任务 11 家禽的体形外貌鉴定技术

【学习目标】

针对种禽场、畜禽场、畜禽繁殖场、育种场及改良场等部门岗位技术任务要求，识别禽类体形外貌特点，掌握鸡、鸭体形外貌鉴定技术，学会优秀禽类的评判标准。

【操作与实施】

一、鸡的体形外貌鉴定技术

(一)鸡的体形外貌特点

1. 头部

头要宽、深、短。若头型狭长，则体弱、低产。

(1)喙　应粗短、略弯曲、强有力。一般情况下，喙与胫的颜色应相同。

(2)眼　要圆大而有神。

(3)脸　颜色鲜红有光泽。

(4)鼻孔　位于上喙的基部，鼻孔要圆大。

(5)耳叶　位于耳孔下部，呈椭圆形，常为红色或白色。

(6)冠　冠为鸡所独有，特别发达，质地细致、柔润光滑，既能表现鸡的性征，又是鉴别产蛋性能、成熟与否、健康情况的指标之一。

2. 颈部

鸡的颈长而灵活，其长度随品种而异，肉用品种较短。颈部的羽毛称颈羽。公鸡的颈羽长而尖，美丽光亮；母鸡的颈羽短、钝、无光泽。

3. 体距

分胸、背腰、腹 3 部分。

(1)胸　要宽、深,向前突出。胸骨应长而直。

(2)背腰　要长、宽、直。

(3)腹　应深而软,富有弹性,肋骨末端与耻骨间距离应大。

4.翅膀

应紧扣身体,不下垂。翅膀覆有不同的羽毛。

5.腿部

腿的长短、粗细因类型而异,蛋用品种较细长,肉用品种较粗短。要求结实有力,趾骨部一般无毛,但有的品种也有毛,如北京油鸡、乌鸡等。鸡趾通常为4个,个别品种为5趾,如北京油鸡。公鸡趾骨部内侧有距,根据距的长度可以鉴定公鸡的年龄。

6.尾部

应端正而不下垂。蛋用品种尾羽比较发达。尾羽分主尾羽和覆尾羽,公鸡有大镰羽和小镰羽。健康鸡尾羽上翘,病鸡下垂。

(二)蛋鸡体形外貌鉴定技术

1.颜色变化

不产蛋鸡的喙和腿为深黄色。产蛋鸡的喙和腿黄色素逐渐消退,成淡黄色。

2.冠和髯的变化

蛋鸡的冠和肉髯大而丰满,光滑而鲜红。已停产母鸡的冠和肉髯萎缩干瘪,粗糙而苍白。

3.换羽的变化

高产鸡在产蛋一年以后,在第二年晚秋才换羽停产,有的换羽也不停产。因此,过早换羽停产的鸡应当及时淘汰。高产鸡的羽毛,在夏末秋初比低产鸡好看,但到了秋季,则完全相反。高产鸡经过长时间的产蛋后,羽毛残缺不全,而低产母鸡早已换上新羽,显得漂亮美观,但冬天也不产蛋。

4.体形的变化

未产蛋鸡的肛门小,干燥而紧缩;产蛋鸡的肛门变得宽大,湿润而松弛。产蛋鸡耻骨间(民间称"裆")距离大而有弹性,可容纳3～4个手指(即所谓的"三指裆"、"四指裆"),未产蛋鸡耻骨间距离靠得近(即裆紧),只能容纳1～2个手指(即"一指裆"或"二指裆")。

5.觅食性

高产鸡很勤快,觅食性很强。下架早,进窝晚,四处找食,低产鸡懒惰,早上架,晚下架。

6. 产蛋持续性

高产鸡产蛋持续性很强，很少歇窝。低产鸡产1～2个蛋就歇1～2天。

7. 抱窝性

高产鸡无抱窝性；低产鸡常抱窝，尤其在春末和夏季抱窝次数更多。高产蛋鸡和低产蛋鸡体形外貌见表1-15。

表1-15 高产蛋鸡与低产蛋鸡外貌和结构的比较

项目	高产鸡	低产鸡	备注
冠与肉垂	发育良好，鲜红，触摸感细致与温暖	发育不良，灰白，触摸粗糙与冷凉	与第二性征发育有关
头部	清秀，头顶宽，呈放行	粗大或狭窄	
喙	短而宽、微弯曲	长而狭窄	
胸部	宽、深、向前突出，胸骨长、直、宽	窄、浅，胸骨短而弯曲	
背部	宽直	短、窄或呈弓形	
腹部	触控感柔软，皮肤细致，有弹性，无脂肪硬块	皮肤粗糙，弹性差，过肥的鸡有腹脂硬块	
胸骨末端与耻骨间距离	以指估测，在4指以上	在3指以下	
耻骨间距	相距3指以上	相距2指以下	与第二性征发育与产蛋有关，停产鸡耻骨间距约1指
耻骨	薄而有弹性	较厚、弹力差	停产鸡耻骨厚而径，与是否产蛋有关
肛门	松弛、湿润	较松弛	停产鸡紧缩，不湿润
脚和趾	胫坚实，呈菱形，鳞片紧贴，两脚间距宽，趾平直	两脚间距小，趾过细或弯曲	高产鸡爪短
对公鸡的表现	喜接近		停产鸡不接近公鸡，不接受交配

二、鸭的体形外貌鉴定技术

(一)鸭的体形外貌特点

家鸭保留了鸟类野生祖先的许多优点，身体和鸟类一样呈流线型，被羽，在体形外貌上与鸡比较有明显的不同。全身分为头部、颈部、躯干、四肢。

1.头部

鸭的头部较大,圆形,覆有细毛,耳孔也被覆盖,防止入水时水灌入耳中,利于潜入水中觅食。喙长而扁平,角质层发达,形成坚硬的角质套,是采食和自卫的器官,分为上下两片,上大下小,合拢时,其边缘两侧有锯齿状的空隙便于吸水、排水和洗涤食物。在上片的尖端有一坚硬角质的曝豆,色略暗,以助采食,喙的颜色因品种而异,如北京鸭为橘黄色。上喙基部两侧为鼻孔。眼大而圆,眼球的虹膜也具品种特异性,如高邮鸭为深褐色,北京鸭为蓝灰色。

2.颈部

鸭颈部的长短、粗细,因品种而异。一般肉用型鸭颈粗而短,蛋用型鸭颈部较细长。鸭颈活动自如,利于水中觅食。颈部的羽毛细短,有色公鸭的羽毛具有墨绿色光泽,有的母鸭颈羽颜色是识别品种的重要特征,如绍鸭。

3.体躯

体躯分为胸、背、腹等部分。随着品种、性别、年龄及生产类型的不同,体躯各部分结构也不同。蛋鸭体形小,体躯较细长,体质细致紧凑,胸挺突,前躯提起,后躯发达。肉用型鸭体躯深宽而下垂,背长而直,前躯稍提起,肌肉发达。蛋肉兼用型体躯介于肉鸭与蛋鸭之间。公鸭体形较大,胸深背阔肩宽,肌肉发达,身体呈长方形,前躯稍向上提起。母鸭体形较公鸭小,胸宽深,后躯发达,臀部近似方形。

4.四肢

前肢变成翼,外覆羽毛,称为翼羽,翼羽包括主翼羽 10 根,副翼羽 14 根,主翼羽狭窄而坚硬,副翼羽较大。有色羽鸭的公鸭在副翼羽上比较光亮而带有翠绿色羽毛,称为镜羽。

后肢由腿、胫、趾和蹼等构成。腿、胫较短,其位置稍偏体后端,以利于保持平衡,及在水中倒立时拨水采食。鸭脚除第一趾外,其余趾间有蹼,并且趾部与膜部裸露,便于游泳。

5.尾

鸭的尾缩短为小的肉质突起,位于泄殖腔孔的后方,被羽毛覆盖,尾羽不发达,共 18 根。公鸭在尾羽中央的覆羽有 2～4 根向上卷曲,称为性指羽,据此可鉴别公母。在尾的背面有发达的尾脂腺,经常分泌油脂,鸭用喙将油脂涂抹在羽毛上,以保持柔软而不沾水。

(二)蛋鸭体形外貌鉴定技术

种公鸭:头大颈粗,眼大、明亮有神,喙宽而齐,身长体宽,羽毛紧密而富有光泽,性羽分明,两翼紧贴体躯,脚粗而高,健康结实,体重符合标准,第二性征明显。

种母鸭:头中等大,颈细长,眼亮有神,喙长而直,身长背阔,胸深腹圆,后躯宽大,耻骨开张,羽毛致密,两翼紧贴体躯,活泼好动,脚稍粗短,蹼大而厚,健康结实。具有这些特征的鸭产蛋率高,产蛋时间较长。

(三)肉鸭体形外貌鉴定技术

种公鸭:体形呈长方形,头大、颈粗、背平直而宽,胸腔宽而略扁平,腿略高而粗,蹼大而厚,两翅不翻,羽毛光洁整齐,生长快,体重符合标准,配种能力强。

种母鸭:体形呈梯形,背部宽短,腿稍粗短.羽毛致密光洁,头颈较细,腹部丰满下垂但不托地,耻骨开张,繁殖力强,受精率和孵化率高。

【思考与训练】

1. 调查当地常饲养的畜禽品种,进行标准的体尺测量和体形外貌鉴定,观察其外貌特征和所学的内容加以比较,看是否相符?

2. 对奶牛体形进行线性鉴定、线性评定,确定奶牛生产性能等级。

3. 请说明畜禽的外貌特征和生产性能之间的关系。

模块二　畜禽杂交改良技术

项目三　畜禽的选种与选配

项目四　畜禽杂交改良

导读

畜禽杂交改良技术通过畜禽杂种优势的利用、选育高生产性能新品种。模块二为畜禽的选种与选配、畜禽杂交改良技术，是提高畜禽繁育效率的重要手段。

项目三　畜禽的选种与选配

任务 12　畜禽品种及利用

【学习目标】

针对种牛场、畜禽场、畜禽繁殖场、育种场及改良场等部门岗位技术任务要求，识别畜禽品种条件和畜禽品种，掌握对畜禽品种的利用。

【操作与实施】

一、具备畜禽品种的条件

1. 来源相同

同一品种在血统来源上应基本相同。一般来说古老的品种有一个共同的祖先，而新培育的品种可能来源于多个祖先，如用高加索细毛羊、泊列考斯细毛羊、哈萨克羊和蒙古羊四个不同的品种杂交，培育出了新疆细毛羊。由于一个品种内个体来源相同，所以遗传基础也非常相似。

2. 特征性相似

同一个品种的畜禽在外貌特征、体形结构和重要的经济性状等方面都很相似，很容易和其他品种区别。如中国荷斯坦牛产奶量高，海福特牛则产肉多等，在实际生产中可能不同的品种在外貌特点某些方面可能相似，但总的特征必然有区别。

3. 具有一定的经济价值

每一个品种之所以能存在，必然有一定的经济价值，例如，蝴蝶犬有观赏价值，美利奴羊产细毛多，滩羊的装皮质量好，蒙古羊的适应性强。又如来航鸡产蛋多，白洛克鸡长肉快，泰和鸡可供药用等等。总之，作为一个品种，或是生产水平高，或是产品质量好，或是有特殊的用途，或是对某一地区有良好的适应性，从而有别于其他类群。

4. 遗传性稳定，种用价值高

畜禽不同的品种不仅具有独特的外貌、体形特征和经济价值，更重要的是能够把这些特征稳定地遗传给它的后代，也就是说在纯繁时，畜禽不同品种能将其品种特性、生产性能稳定地传给后代；在与其他品种杂交时，有一定的改良作用。一个品种其经济价值再大，如果不能遗传给后代，即育种价值低，其经济价值的作用就很有限了，这是作为一个畜禽品种与杂种最根本的区别。这种遗传是相对的，在人工选择的情况下，在生产性能或生产方向方面也会逐步地得到改变。

5. 具有一定的结构和含量

一个品种内应包含有不同的品系、品族和类型。所谓品系是一群共同具有某种突出性状，能稳定地遗传，相互有亲缘关系的个体组成的类群。以优秀母畜为共同祖先的类群叫品族。一个品种内具有若干个优良的品系或品族，就能使品种得到更好的保持和提高。

二、畜禽品种识别

（一）按畜禽体形和外貌特征识别

1. 畜禽体形大小

可将畜禽分为小型、中型、大型三种。例如家兔有小型品种（成年体重 2.5 kg 以下）、中型品种（成年体重 3～5 kg）、大型品种（成年体重 5 kg 以上）；马有小型马或矮马（中国云南的矮马和阿根廷的微型马）、中型马（蒙古马）、重型马（重挽马）；猪也有小型猪（中国的香猪）。

2. 畜禽尾的长短或大小

绵羊有大尾品种（大尾寒羊）、小尾品种（小尾寒羊）以及脂尾品种（乌珠穆沁羊）等。

3. 畜禽毛色或羽色

猪有黑、白、花斑、红等品种；鸡的芦花羽、白羽、红羽等都是重要的品种特征；某些绵羊品种的黑头、喜马拉雅兔的八点黑等也都是典型的品种特征。

4. 畜禽角的有无

根据角的有无可将牛、绵羊分为有角品种和无角品种。绵羊还有公羊有角、母羊无角等品种。

5. 鸡的蛋壳颜色

有褐壳（红壳）品种、青壳（绿壳）品种和白壳品种等。

(二)按培育程度识别

1. 原始品种

一般都是较古老的品种，在农业生产水平较低、管理粗放等条件下，受自然选择较大，未经严格、系统的人工选择而形成的品种。例如，蒙古牛、天祝牦牛、藏羊、哈萨克羊、民猪、藏猪、仙居鸡等都属于这类品种，通常按其原产地或自身特征命名，其共同特点是：①晚熟，体格一般相对较小。②体形结构协调，生长发育缓慢，生产全面但水平较低。③体质粗壮，耐粗耐劳，有很强的适应能力，抗病力强。

原始品种虽然有不少缺点，但对当地自然条件具有很强适应性，是培育能适应当地自然条件而又高产的新品种所必需的原始材料。有些地方品种一般只生活于一定的地理区域和气候环境内，所以又称其为土著品种或土种。有些地方品种也是经过系统选育而成的，其培育程度较高、生产性能好，如金华猪、湖羊、伊犁马、秦川牛、北京鸭、狼山鸡等，这些地方品种也称为地方良种。

2. 培育品种

按照人们既定的育种目标，在遗传育种理论和技术指导下，经过较系统的选种选配而育成的品种。如专门化的肉牛、奶牛、肉羊、瘦肉型猪、肉鸡、蛋鸡等都属于培育品种，这类品种的生产性能和育种价值都较高，具有下述特点：

(1)分布广泛，往往超出原产地范围。如荷斯坦牛、长白猪、来航鸡等已遍布全球。

(2)生产性能水平高，而且比较专门化。

(3)体形较大，早熟，即能在较短时期内达到成熟。

(4)品种结构复杂。一般来说，原始品种的结构只有地方类型，而培育品种在人工选择的作用下除地方类型和育种场类型外，还可以形成许多品系和类群。

(5)育种价值高，与其他品种杂交时，能起到改良作用。

(6)对饲养管理条件和育种技术要求较高。

(7)适应性、抗病力和抗逆性均比原始品种差。

(三)按经济用途识别

(1)牛　分为乳用、肉用、乳肉兼用、肉乳兼用、役用等。

(2)马　分为乘用、驮用、挽用、竞技用、乳用、肉用和兼用品种。

(3)绵羊　分为肉用、羔皮用、裘皮用、毛用(细毛、半细毛、粗毛、长毛、短毛)以及侧重点不同的各种兼用品种。

(4)山羊　分为肉用、毛皮用、乳用、绒用和兼用品种。

(5)猪　分为脂肪型、鲜肉型、瘦肉型和兼用型等。

(6)鸡　分为肉用、蛋用、药用、观赏用和兼用品种。

(7)兔　分为毛用、裘皮用、肉用和兼用品种等。

(8)鸽　分为肉用、信鸽等。

三、畜禽品种利用

(一)品种资源保护

目前世界许多国家许多优良畜禽的品种资源濒临绝灭,出现严重的品种资源危机,这种危机主要表现在两个方面:一方面是地方品种急剧减少,甚至处于完全灭绝的趋势;另一方面是品种高度单纯化的趋势。这种危机将对整个畜牧生产带来危害,因此,妥善保存并合理利用品种资源,是当今畜牧业迫在眉睫的一项极为重要的战略任务。所谓的品种资源保护就是妥善地保存现有畜禽品种,使之免遭混杂和灭绝,简称为保种。

品种资源保护的意义重大,主要表现在:一是保存优良的地方畜禽品种,不但克服可能出现的育种"极限",还可以用来改良和培育其他品种提高适应性和耐受力;二是保存畜禽出现的各种基因型,可以适应不断变化的特定环境下生产的需要;三是保护的品种就相当于拥有丰富遗传资源的基因库,可以应对遗传出现的灾难;四是保存遗传变异性可以满足未来人类的意外需要;五是通过品种保护和研究地方品种,可以揭示进化、驯养、驯化、自然和人工选择过程的机制,为野生动物的驯养、驯化,形成新的家畜品种创造条件。

(二)我国畜禽品种资源利用

我国畜禽品种资源,大体可分三种类型:一是原有的地方品种;二是新中国成立后培育的新品种;三是从国外引进的品种。全国家畜品种资源调查(1976—1983年)结果表明,全国畜禽品种超过598个。不仅数量多,而且不少在质量上还有独特之处,甚至举世无双。其中有些曾对世界一些著名品种的育成有过重要贡献。如猪有产仔特多的太湖猪;耐寒体大的大型东北民猪;早熟、生长快的陆川猪;适于腌制优质"金华火腿"和"云腿"的金华猪和乌金猪等。牛有体大、产肉力高、役力强的秦川牛;皮薄骨细、肉质细嫩的鲁西黄牛;体大、步伐轻快、性情温顺的南阳牛等。生态适应性特别好的蒙古羊、哈萨克羊和藏羊等。家禽方面,我国是品种资源最丰富的国家之一。如蛋大、壳厚、体格较大的成都黄鸡、内蒙古边鸡、辽宁大骨鸡;体小、年产蛋量200枚以上的浙江仙居鸡等等。

任务13　畜禽的选种

【学习目标】

针对畜禽场、畜禽繁殖场、育种场及改良场等部门岗位技术任务要求，学会畜禽选种的方法、畜禽选配的方法，掌握运用远缘杂交方法。

【操作与实施】

一、畜禽选种的方法

（一）表型选择

表型选择就是根据畜禽个体性状表型值的高低进行选种的方法。所谓的表型值就是畜禽实际表现出来的，能够测量的数值，如日增重、体高、体长等。选择时将畜禽群中表型值由高到低的个体依次排列，采用择优选留法，直到满足留种数为止。对于受遗传影响较大，即遗传力高的性状适合这种选种方法，如猪的体长、肉的品质、鸡的蛋重等。对于遗传力低的性状因为这类性状受环境影响大，表型值不能反映育种值的高低，则不宜采用表型选择。

（二）家系选择

"家系"是指有全同胞或半同胞亲缘关系的群体。家系选择就是把家系作为一个单位，根据家系的平均表型值高低进行选留或淘汰。这种方法适于多胎动物，如猪、禽等。

家系选择适用受遗传影响小、受环境影响大的性状。因为家系选择是按家系平均表型进行，各家系个体表型值中的环境偏差可在家系均值中彼此抵消，这样家系平均表型值便接近于家系平均育种值，选种的准确性就提高了。

家系选择的常用方法有两种：一种是同胞选择，即以畜禽的同胞为依据的家系选择；另一种是后裔选择，即以畜禽的子女均值为依据的家系选择。

1. 同胞选择

就是根据畜禽的旁系亲属（全同胞或半同胞）的平均表型值高低来进行选择，又叫同胞测定。同胞测定可以根据同胞成绩对被测定的个体生产性能做出判定，以确定是否优秀。如猪的同胞测定，一般是在仔猪断奶时每窝选出4头（两公、两母）同圈饲养到一定体重时屠宰，测定其肥育性能及胴体品质，这4头猪的平均成绩就是被评定个体的同胞测定依据，从中可以选出优秀的家系。实行同胞测定可以缩短世代间隔，进行早期选种，但选择的准确性不如后裔选择。

2.后裔选择

就是根据畜禽后代的平均表型值进行选种，也叫后裔测定，是对后代性能的测定和对比。常用的方法是女母对比法：用被鉴定公畜的女儿成绩和女儿的母亲成绩相比较，女儿超过母亲的，该公畜为优良种畜；如女儿成绩不如母亲的，则认为该公畜为不良公畜。此法多用于鉴定种公畜。例如，某牛场 35 号公牛，它的 26 头女儿第一胎平均产乳量为 4 469 kg，而女儿的母亲第一胎平均产乳量为 4 089 kg，女儿产乳量超过母亲 380 kg，说明这头公牛为优良种牛。而另一头 65 号公牛，18 头女儿第一胎平均产乳量为 3 996 kg，这些女儿的产乳量比母亲低，说明该公牛为不良种牛。

后裔测定的另一种方法叫同期同龄女儿比较法，或称同群比较法。例如，在鉴定不同的种公牛时，可将每头被鉴定的公牛在 12～14 月龄时开始采精，将采得的精液分别用于牛场随机配种 280 头母牛，然后将不同公牛同期同牛场的女儿第一胎平均产乳量进行比较，女儿平均产奶量优秀的公牛留作种用。此法的优点是配种、产仔时间一致，同一牛场内饲养管理条件相同，比较时误差较少。实践证明，这是对低遗传力性状选择的有效办法。

后裔选种要注意的问题：一是被测定的各公畜所配母畜的条件要一致。二是后代的年龄和饲养管理条件要一致。三是后代头数越多，得出结论越正确。大家畜至少 20 头以上，多胎动物可适当多些。四是后裔测定的依据要以生产性能为主，同时，要全面分析后代的外形、发育状况、适应性及遗传缺陷等。

后裔选择的优点是：选种效果可靠，多用于种公畜的选择。缺点是：需要时间长，大家畜和乳牛的后裔测定需要 5～6 岁时方能得出结果。后裔测定所要求的条件较多，有时需要设立专门的后裔测定站，耗费较多。

(三)多性状选择

1.顺序选择法

对所要确定选择的几个性状依次逐个进行选择的方法。即选择一个性状，达到预定要求后，再选另一个性状，如此逐个选择下去。

2.独立淘汰法

对所要选择的几个性状分别规定选留标准，凡其中任一性状不够标准的一律淘汰。

3.综合选择法

根据综合指数进行选种的方法叫综合选择法。就是将所要选择的几个性状综合成一个便于不同个体相互比较的数值，这个数值称为综合选择指数。

(四)间接选择

利用性状相关关系，通过对一个性状(即辅助性状)的选择，来间接提高另一个性状(即目标性状)的一种选种方法，称为间接选择。当要改良的某个性状遗传力很低，或在活体不能度量(如屠宰率等)，以及某种性别没有表现(如公牛不产乳，公鸡不下蛋等)时，都可以采用间接选择方法。对某一种性状进行间接选择时，需要考虑下列条件：一是两性状要有高度遗传相关；二是辅助性状要有高的遗传力；三是最好对辅助性状的选择强度能有加大的可能。

二、畜禽选配的方法

(一)个体选配

1.品质选配

所谓畜禽品质，既可以指一般品质，如体质、体形、生物学特性、生产性能及产品质量等方面的品质，也可以指遗传品质，品质选配就是考虑交配双方品质对比的选配。根据选配双方的品质对比，可分为同质选配和异质选配两种。

(1)同质选配　同质选配就是选用性状相同、性能表现一致的优秀公母畜交配，以期获得相似的优秀后代。

在育种实践中为了保持种畜禽有价值的性状，增加群体中纯合基因型的频率，往往采用同质选配，例如，羊的产毛量，要想使后代产毛量高，应该选择产毛量高的公母羊交配，后代产毛量相应就高。这样使亲本的优良性状稳定地遗传给后代，在后代中把产毛量低的个体淘汰掉，使优良性状得以保持与巩固，并使群体中优良个体数量得到增加。

(2)异质选配　选用具有不同品质的公母畜禽交配，称为异质选配。异质选配的作用是综合双亲的优点，创造新类型，以提高后代的品质，从而丰富群体中优良性状的个体数量。异质选配常用于品种培育的初期，以获得理想的个体，对处于停滞状态的群体，使其得到改良。它有两种方式：一是选择具有不同优异性状的公母畜禽交配，以结合不同的优点，获得兼有双亲优良品质的后代。例如，选择产毛量高的母羊与毛长的公羊交配，以获得产毛量高而且毛长的个体。二是选用某一品质优良的种公畜禽与品质较差或者一般的母畜禽交配，达到以优改劣、提高后代品质的目的，因此异质选配又称改良选配。

在育种实践中，同质选配与异质选配往往是结合进行的。一般在育种初期，多采用异质选配，当在杂种后代中出现理想类型后，转为同质选配，这样可以加快育种的进程。

2. 亲缘选配

亲缘选配就是考虑交配双方亲缘关系远近的选配。如果双方有较近的亲缘关系的选配就叫亲缘交配，即近交。反之，叫非亲缘交配，即远交。

亲缘交配　亲缘选配就是交配双方有较近亲缘关系的选配，一般指 5 代以内双方具有共同祖先的公母畜交配。判断一头家畜是否近交个体，主要看它的系谱中父母双方有没有共同祖先。共同祖先个数愈多，出现代数愈近，则近交程度愈大；反之则小。近交程度最大的是父女、母子和全同胞的交配，其次是半同胞、祖孙、叔侄、姑侄、兄妹及表兄妹之间的交配。近交程度一般用近交系数衡量。近交系数就表示近交程度百分数，百分数越大近交程度越高。不同近交类型的近交系数如表 2-1 所示。

表 2-1　不同近交类型的近交系数

近交类型	表兄妹	堂兄妹	姑侄	叔侄	半兄妹	祖孙	全兄妹	父女	母子	半兄妹	全兄妹	父女	母子
近交系数(%)	6.25	6.25	12.5	12.5	12.5	12.5	25	25	25	21.8	37.5	37.5	37.5

在畜禽育种生产上，有时为了达到某种目的，采取近交的育种方法，近交有其有用的一面，也有其有害的一面。近交主要有以下几种用途：

①固定优良性状　近交可使畜禽的某些优良的性状保持下去，例如某个品种的猪瘦肉率特别高，猪数量又比减少，又没有其他类似猪的品种，要想把猪高瘦肉率性状传给后代，采用近交能达到理想的效果。从基因的角度说，近交的基本遗传效应是使基因纯合。在育种生产中可以通过近交使优良性状的基因纯合，从而使其能够准确地遗传给后代。一般在培育新品种过程中，当出现了符合理想的优良性状后，往往采用同质选配加近交以固定优良性状。

②暴露有害基因　决定有害性状的基因大多数是隐性基因，隐性有害基因在杂合的状态下不会表现出来，当近交是隐性有害基因纯合后，就暴露出来，使畜禽的生产性能减低，这样就可以及早淘汰带有有害性状的个体，使有害基因在群体中的频率降低。这也是净化群体的一种措施。

③降低群体均值　近交会使群体的生产性能整体降低，原因是基因纯合后，杂种优势在群体中的作用消失。畜禽的经济性状大多是数量性状，数量性状遗传的表型值除基因的累加效应外还有在杂合状态下基因间的相互作用，当基因纯合后这种相互作用消失，从而导致群体的生产性能降低，这是近交衰退的主要原因。近交衰退主要表现在畜禽的繁殖性能、生理活动以及与适应性有关的各性状都有不同程度的下降。具体表现是繁殖力减退，死胎和胚胎畸形增多，生活力下降，适应

性变差，体质减弱，生长缓慢，生产力降低等。出现的原因是由于近交使基因纯合，基因间的非加性效应减小，隐性有害基因纯合而表现出来。

为了防止近交出现衰退，在生产中常采取以下措施防止，一是严格淘汰，在近交过程中，将生产力低、体质衰弱、繁殖力差和表现出有退化现象不符合理想要求的个体及时淘汰，将优良个体留作种用。二是更新血缘，在开展一段近交后为了提高后代的生活力和繁殖性能，选择无亲缘关系、表现型相似的种公畜或母畜来进行血缘更新。三是加强饲养管理。近交个体遗传性稳定，种用价值较高，但生活力弱，对饲养管理要求较高。如果能满足近交个体对饲养管理上的要求，就可以减轻或不出现退化现象。若饲养管理条件不能满足要求，近交衰退现象就会在各种性状上立即表现出来。所以，对近交后代加强饲养管理十分必要。四是多留种公畜，做好选配工作，把近交系数控制在一定水平以下，这样可以防止近交衰退。

（二）种群选配

种群是指可种用的群体，它可以是动物分类学上的属、种，也可以是畜牧学上的品种、品系、品群、类型。种群选配就是根据交配双方所属种群的异同而进行的选配。

1. 纯种繁育

纯种繁育指同一类型种群内的选配，为了获得纯种，即纯繁。就选择同一类型种群的个体进行交配，后代继承和发展亲本的特征。常说的“纯种”是指家畜本身及其祖先都属于同一种群，而且都具有该种群所特有的形态特征和生产性能。纯种繁育在生产上的作用比较大，主要表现在：

(1)可巩固遗传性，保持种群纯度　通过纯种繁育可使种群固有的优良品质得以长期保持，并迅速增加同类型优良个体的数量。

(2)可提高种群现有品质，克服种群的某些缺点　通过纯种繁育针对种群的某些缺点进行改造，使种群水平不断稳步上升，达到提高整个种群质量的目的。相同种群内的遗传基础也存在有差异，这种彼此有差异的个体间交配，后代中就会出现多种多样的变异，为选择提供丰富的素材，从而也就为种群的不断发展、提高提供了保证。

一般是在一个种群的生产性能基本上满足人们的需要，不必作重大方向性改变时，常常采用纯种繁育。但并不是就不开展选育工作，由于遗传漂变、突变、选择等作用，优良基因的频率就会降低，甚至消失，种群就会退化，在这种情况下，还是要经常性地开展选育工作。

2. 杂交繁育

在生产上为了获得杂种，利用杂种优势，就选择不同种群的个体进行交配，叫杂交繁育。杂交又可分为很多类，归纳起来主要有以下三种：

(1)按杂交双方种群关系的远近　可将杂交分为系间杂交、品种间杂交、种间杂交和属间杂交等。

(2)按杂交目的的不同　可将杂交分为经济杂交、引入杂交、改良杂交和育成杂交等。

(3)按杂交方式的不同　可将杂交分为简单杂交、复杂杂交、级进杂交、轮回杂交和双杂交等。

纯繁和杂交在生产上怎样应用，它们之间是什么关系呢？为了使更多的成对基因纯合，使种群固有的优良品质得以巩固和稳定，采用纯繁；如果想把不同种群表现的优良性状集中到同一类群或个体上来，使各对基因的杂合性增加，采用杂交，并可能产生杂种优势。经过纯繁使亲本种群愈纯，才能使杂交双方差异愈大，杂交效果明显，杂种优势突出，经过杂交使群体趋于一致。所以纯繁和杂交两者是互相依存的，没有纯就没有杂。如果任由种群“纯不纯，杂不杂”下去，则只会带来性能愈加退化的后果。只有充分认识这两者的关系，才能处理好种群选配。

三、远缘杂交

不同属或不同种的公母畜禽交配叫远缘杂交。由于远缘杂交是不同属、种间的杂交，个体遗传结构差异大，所以，远缘杂交能产生强大的杂种优势。

远缘杂交普遍存在于畜牧业生产中，在养马业，利用马与驴杂交能产生强大的杂种优势，其杂交方式有两种：

母马×公驴→骡子(马骡)

公马×母驴→驴骡(驮骁)

骡子和驴骡的特点是体质强壮，吃苦耐劳，抗病力强，役用性能比双亲都好，在我国北方地区广泛用于生产。

在养牛业方面，使用远缘杂交的有好几种，如用黄牛公牛与牦牛母牛杂交，所生后代叫犏牛。犏牛个体大，发育快，耐粗饲，善攀登。冬春季“抓膘”快，适应高原气候，其驮运和耕作能力都超过双亲，产乳量也高于牦牛，表现出强大的杂种优势。另外，在养禽业、养羊业、养猪业也有不少成功的例子，其后代均表现出了强大的杂种优势。

远缘杂交虽能产生强大的杂种优势，但其后代往往存在不育现象。从遗传角度来看，远缘杂交不育的原因是由于种(属)间染色体数目和结构的不同而引起的。

例如，马的染色体 $2n=64$，驴的染色体 $2n=62$。在远缘杂交后代骡的细胞中有相对的两个染色体组（n 驴 $=31$，n 马 $=32$），对应各染色体组没有同源关系。因此，骡的性细胞在减数分裂时，染色体数目变动很大，而且没有配对，因而不能产生可育的配子。所以，一般来说骡子没有生殖能力。

项目四　畜禽杂交改良

任务 14　杂交改良方法

【学习目标】

针对畜禽场、畜禽繁殖场、育种场及改良场等部门岗位技术任务要求，学会畜禽杂交改良方法，掌握猪的杂交猪利用技术、育肥肉牛的杂交改良利用技术。

【操作与实施】

一、杂交改良方法

(一)导入杂交

以原有品种为主，在保留原有品种基本品质的前提下，通过导入另一品种来克服和改进原有品种个别缺点的杂交方法，叫导入杂交。即原有品种基本上符合市场需要，但个别性状还存在某些缺点需要改进，用本品种选育又难以达到目的时，可采用导入杂交，改良时应基本保持原有品种的主要特性和优良品质，只针对缺点进行改造。例如，东北细毛羊选育中引入过斯达夫细毛羊血液，收到了明显的效果。

1. 导入杂交方法

一是选择导入品种，针对原有品种的缺点，选用与原有品种基本上相同、但需要导入优良品质方面表现突出的品种作为父本，而以原有品种作为母本；二是从杂交后代中选出理想的杂种后代再与原有品种回交，使导入品种基因成分占 25%；三是如果后代达到了理想状态，进行横交固定(杂种自群繁育)；四是如果原有品种品质尚不能完全保持，就再与原有品种回交，使后代原有品种基因成分占87.5%，符合要求后横交固定(图2-1)。

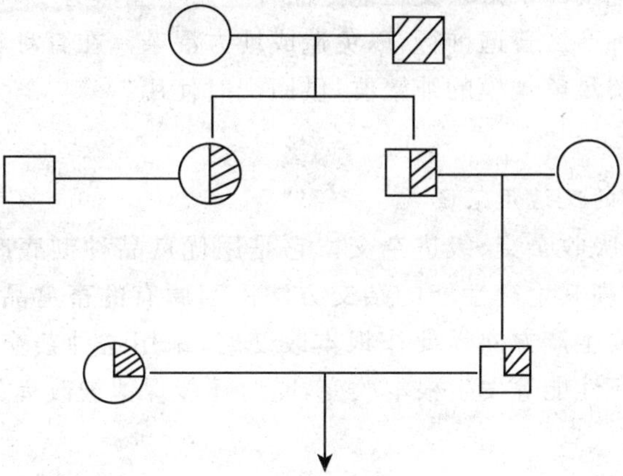

图2-1 导入杂交

2. 导入杂交应用

导入杂交在畜牧生产中应用广泛，这种杂交方法不会破坏地方良种在长期的历史中形成的与当地自然地理条件和经济技术条件相应的特性，而且在培育和选育优良的地方品种中，有着更重要的价值。导入杂交在生产中只需要引入少量优良品种公畜或精液，费用不多效果明显。我国许多动物品种在进一步的育种中，都曾采用这种方法，如狼山鸡引入了澳洲黑鸡的基因，其产蛋量提高了10.85%，蛋重提高了5.54%，体重提高了5.61%，开产日龄由234 d缩短为206 d；又如东北细毛羊引入斯达夫细毛羊的基因，毛长提高了10%(1 cm)以上，产毛量提高了0.37 kg。新疆细毛羊引入过澳洲美利奴细毛羊的血液，含25%澳血的后代在净毛率和毛长方面均有显著提高，其羊毛品质和体形结构也有改进，而且保持了新疆细毛羊原有的个体大、适应性强等特点，我国的南阳黄牛是优秀的役肉兼用地方品种，随着国民经济的发展选育方向已逐渐转向肉用方向。为了克服其早熟性及产肉性能上的缺陷，引入利木赞牛进行杂交，其杂种后代体重比南阳牛提高了74.5 kg，屠宰率提高6.2%，净肉宰提高5.5%。

3. 导入杂交注意问题

(1)亲本的选择　要导入的品种在选择时必须与原有品种基本同质，它的独特优点正是需要改进的原有品种的缺点。

(2)正确使用杂交方法　坚持以原有品种为主,防止原有品种特点的丧失。

(3)加强亲本及杂种的培育　一方面要对亲本和杂种加强选育,另一方面要提供必要的培育条件。

(4)限定杂交范围　引入杂交在地方品种选育中固然必要,但应限制在育种场内进行,切忌在良种产区普遍推行,以免造成地方混杂。在育种场内一般也只进行少量杂交,还要保留足够规模的纯繁群,供回交时使用。

(二)改造杂交

1.改造杂交目的及适用范围

改造杂交又叫吸收杂交、级进杂交。它是用优良品种彻底改变低产品种的生产方向或大幅度提高其生产性能的杂交方法。当原有的畜禽品种生产性能低,不能满足市场需要,或生产方向需要作根本改变时,采用这种杂交方法,使被改良品种的生产方向、生产性能等发生根本改变,同时还能保留被改良品种对当地条件的适应性。

2.改造杂交方法

选择改良品种(引入品种)的公畜禽与被改良品种的母畜禽交配,所产生的杂种后代母畜禽连续与改良品种的不同公畜禽交配,直到获得理想的类群再进行自群繁育,固定优良性状,培育出新品种(图2-2)。一代杂种含被改良品种的基因成分为50%,二代为25%,三代为12.5%,四代以上杂种通称高代杂种。改造杂交在畜禽育种中应用较早,如在粗毛羊改为细毛羊、役用牛改为乳用牛和肉用牛方面获得了显著成效。

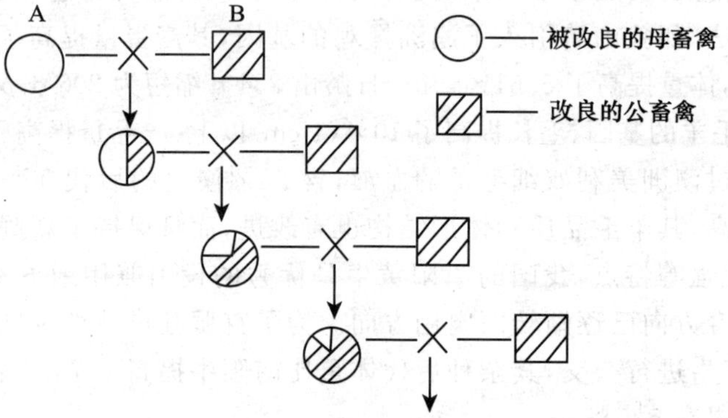

图2-2　改造杂交示意图

3.改造杂交应用

改造杂交在国内外育种实践中应用较早，也极为普遍，能较大程度地改造经济价值低的本地品种，是迅速、经济而有效的方法。改良杂交的具体应用场合有：

(1)改变畜群生产方向　如将粗毛羊改为细毛羊；将脂肪型猪改良成瘦肉型猪；将役用牛改为肉用、乳用或兼用牛等，都可以采用改造杂交的方法。

(2)迅速提高动物的某种生产性能　为了尽快提高当地黄牛、奶山羊的产奶量，提高当地鸡的产蛋量等，都可用相应的优良品种与当地品种改良杂交。

(3)经济而有效地获得大量纯种动物　一般认为4代以上的高血杂种，只要其特征和改良群基本相同，可以当作纯种来对待，正式归属改良品种的范围。

(4)创造新品种　当杂交改良进行几代后，选择理想的杂种自繁群、横交固定，经过选育后，就能形成新的品种。

4.改造杂交注意问题

(1)确定合适改良代数　改造杂交是要尽量吸收改良品种的优点，只要达到级进目的，便可横交固定，不必追求代数越高越好。一般3～4代可以达到改良效果。

(2)选择合适改良品种　级进杂交与导入杂交不同，级进后代含改良品种基因成分高，因此改良品种不但品质要好，而且要基本适应当地的自然条件和饲养管理条件。

(3)加强对杂种的培育与选择　随着级进代数的增加，培育条件要相应改善。同时对杂种后代要严格选择，淘汰性能低及遗传性能不稳定的个体。

(三)育成杂交

1.目的及适用范围

以育成新品种为目的杂交方法称为育成杂交。只用两个品种参加的育成杂交叫简单育成杂交。用三个或更多的品种参加的育成杂交叫复杂育成杂交。育成杂交的创造性主要表现在综合参与杂交品种的优点，创造新的类群。如本地品种具有某种优点，但不能满足市场需要，且又无其他品种代替；需要把几个品种的优点结合起来育成新品种，便可采用育成杂交的方法(图2-3)。

2.育成杂交的方法

育成杂交没有固定的杂交模式，它可以根据育种目标的要求，采用级进杂交，或者多品种交叉杂交等方法，以达到育成新品种目的。例如，我国新疆毛肉兼用细毛羊采用四个品种，经过复杂育成杂交育成。新淮猪是用大约克夏猪和淮猪进行正反杂交育成的。

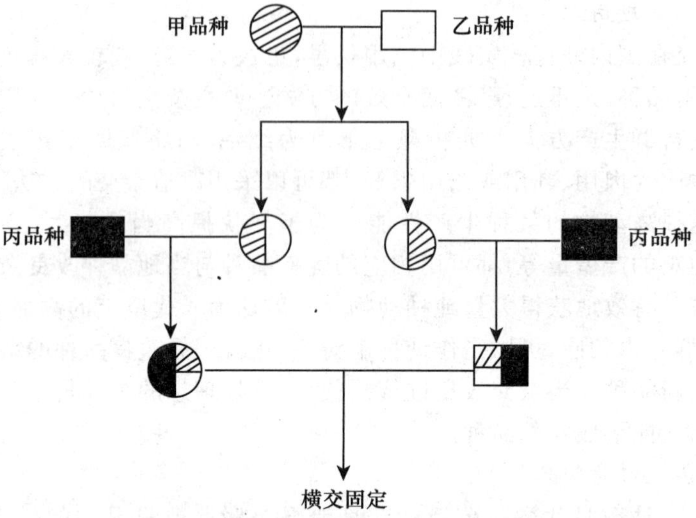

图 2-3　育成杂交

二、猪的杂交猪利用技术

杂交猪是指不同品种或品系间杂交所生产的杂种猪。杂交猪比亲本纯种猪具有繁殖力强、生长速度快、饲料利用率高、抗逆性强、容易饲养等特点。

(一)杂交亲本选择

1. 父本选择

选择生长速度快、饲料报酬高,胴体品质好的品种或品系作父本。为了保证种公猪的种用价值,应强调对性欲、精液品质、性成熟、适应性等方面的选择。

2. 母本选择

选择本地区数量多、繁殖力高(包括产仔数、产活仔数、仔猪初生重、仔猪成活率、仔猪断奶窝重、泌乳力和护仔性等)的品种或品系作母本。由于杂交母本猪需要量大,应强调对当地环境的适应性,在不影响杂种生长速度的前提下,母本的体格不一定要求太大。

根据上述要求,我国大多数地方猪种和培育品种,都具有作母本品种的条件。国外引入的猪种,如长白猪、杜洛克猪、大约克夏猪等,都具备作父本的条件。

(二)杂交方式

1. 二元杂交猪

是利用两个不同品种的公、母猪进行杂交所产生的杂种一代猪,全部用来育肥。二元杂交是目前养猪生产推广的“母猪本地化、公猪良种化、肥猪杂交一代化”应用最广泛、最简单的一种杂交方式。

利用杜洛克、长白、大白等优良瘦肉型猪进行二元杂交，生产杜长、杜大、长大、大长等二元杂交猪。其杂交模式如下：

杜洛克♂×长白（或大白）♀　　长白（或大白）♂×大白（或长白）♀

↓　　　　↓

杜长（或杜大）　　长大（或大长）

利用杜洛克、长白、大白等优良瘦肉型公猪与本地优良品种母猪进行二元杂交，生产杜本、长本、大本等二元杂交猪。其杂交模式如下：

杜洛克（或长白、大白）♂ × 本地优良品种♀

↓

杜本（长本、大本）

2. 三元杂交猪

是用甲品种母猪与乙品种公猪杂交的一代杂种猪群选育的母猪，再和丙品种公猪进行交配所产生的后代，全部育肥。这种杂交方式由于母本是二元杂种，能充分利用母本杂种优势。三元杂交比二元杂交能更好地利用遗传互补性。

利用杜洛克、长白、大白等优良瘦肉型猪进行三元杂交，生产杜长大、杜大长等三元杂交猪。其杂交模式如下：

长白（或大白）♂ × 大白（或长白）♀

↓

杜洛克♂ × 长大（或大长）♀

↓

杜长大（或杜大长）

利用杜洛克、长白、大白等优良瘦肉型公猪与本地优良品种母猪进行三元杂交，生产杜长本、杜大本等三元杂交猪。其杂交模式如下：

长白（或大白）♂× 本地优良品种 ♀

↓

杜洛克♂ × 长本（或大本）♀

↓

杜长本（或杜大本）

猪场进行杂交猪利用可以地方母猪为母本，与长白公猪杂交，从中选留长白地方所生 F_1 代母猪，与杜洛克公猪进行三元杂交，所生产出来后代用做商品肉猪。

此杂交组合产仔数多，较耐粗，生长速度快，应激小，肉质特别优良，瘦肉率较高深受广大养殖户欢迎，缺点是易发生较严重的气喘病。

三、育肥肉牛的杂交改良利用技术

（一）育肥用肉牛的杂交改良

肉牛的杂交改良是指 2 个或 2 个以上的品种、品系或种间的公、母牛之间的相互交配，所生后代称为杂种。我国不同品种黄牛间的交配也称杂交。杂交是家畜育种中常用的方法。杂种较其双亲往往具有生命力强，生长迅速，饲料报酬高等特点，这就是我们常说的“杂种优势”，一般可用杂种优势率来表示：

杂种优势率＝[杂种均值－(父本均值＋母本均值)/2]/(父本均值＋母本均值)/2×100％

例如，以优良肉用品种利木赞牛为父本，与本地黄牛杂交，杂种一代 6 月龄内的平均日增重为 890 g，纯种利木赞牛为 1 069 g，本地黄牛为 560 g，则利本杂一代的杂种优势率为：[890-(1 069＋560)/2]/(1 069＋560)/2×100％＝9.27％。

用肉用性能好、适应性强的品种，对肉用性能较差的品种进行杂交，以期提高杂种后代的产肉性能和饲养效率，就是肉牛的杂交改良。

我国许多地方品种黄牛耐粗饲，适应性强，肉质好，但生长速度慢，生产水平低，出栏率也不高。若用国外或国内的优秀肉用品种进行杂交改良，不仅可以提高生长速度，改善体形外貌，而且还可提高肉牛等级，增加产肉量，降低饲料成本。因此，在肉牛育肥中，应大力提倡用杂交改良牛。如西门塔尔牛和夏洛来牛与本地黄牛的杂一代，肥育性能很好，深受群众欢迎。

（二）地方良种牛的纯种繁育

纯种繁育也称本品种选育，其特点是在牛的品种内，通过选优汰劣而不断提高牛群质量和肉牛的生产能力。国外许多肉牛品种和国内许多优良的当地黄牛品种，都是通过长期的纯种繁育培育而成的；已有的牛品种为将其优良特性保持下去，都在继续进行纯种繁育，以进一步提高品种的质量和增加养牛的效益。如我国的秦川牛、南阳牛和晋南牛等地方良种，都已建立了保种区。

我国地方黄牛数量多，分布广，这是丰富的牛品种资源和遗传资源。虽然有些地方品种生长速度慢，生产水平和出栏率低，但有耐粗饲、适应性和抗病力强、肉质好等优点。在实际工作中，必须加强这些地方良种的纯种繁育工作，逐步提高它们的生产性能，保持品种的优良特性和遗传基础。否则，一味地追求“杂交改良”，地方良种将有不复存在的危险，那将是育种工作的极大悲哀。

纯种繁育是肉牛生产系统中的一个重要组成部分，正是依赖于纯种繁育而提供种牛，才可大量地提供育肥用的架子牛和杂交牛。可见没有纯种繁育，也就没有杂交所需的亲本，杂交也就无从谈起。因此，在育种工作中必须重视纯种繁育。

（三）肉用育肥牛的杂交组合

用国内外优良品种的肉牛对地方黄牛进行杂交改良，后代杂种优势明显。主要表现为体形外貌改善，生长发育加快，生产性能提高和繁殖性能良好等。在实际中，应选择配合力好的杂交组合，以取得最佳效益。以下组合效果良好，可以选用。

1. 西门塔尔杂交改良牛

毛色以黄（红）白花为主，白头，体躯深宽高大，结构匀称，体质结实，肌肉发达，乳房发育好，属乳肉兼用型。西杂二代公牛初生重 34.77 kg，18 月龄体重可达 267.1 kg，母牛 207 d 泌乳量 2 121.5 kg，分别比本地黄牛提高 68.38%、29.01%、229.0%。18～22 月龄育肥牛活重达 427 kg，胴体重 220.6 kg，分别比本地黄牛提高 52.99%和 61.2%。耗料增重比 4.52，降低 19.4%。

2. 荷斯坦杂交改良牛

杂一代毛色以黑色为主，腹部和四肢下部有零星白片，体形大于黄牛，体躯长，骨骼粗壮。杂二代毛色黑白花，界限分明，体格粗壮，偏乳用体形。杂三代趋于纯种荷斯坦牛。荷杂二代公牛初生重 31.14 kg，18 月龄体重 288.55 kg，母牛 240 d 产奶量 2 239.6 kg，分别比本地黄牛提高 50.8%、39.37%和 247.7%。据河北省“牛改”调查，经过半年到一年的育肥，荷杂二代 18 月龄活重 400～480 kg，每千克增重耗料 3.27～4.08 kg。

3. 利木赞杂交改良牛

毛色为黄色或红色，背腰平直，体躯较长，后躯发育良好，后肢稍短粗，呈肉用型。利杂二代公牛初生重 27.72 kg，18 月龄重 321.5 kg，分别比本地黄牛提高 34.2%和 55.3%。18～22 月龄育肥牛宰前活重 321.12 kg，胴体重 166.9 kg，分别比本地黄牛提高 15.03%和 21.9%，但耗料增重比高 13.9%。

4. 夏洛来杂交改良牛

毛色为草白或灰白色，有的呈黄色，背腰宽平，体质结实，肌肉发达，呈肉用体形。杂二代公牛初生重 32.7 kg，18 月龄活重 334.3 kg，分别比本地黄牛提高 58.4%和 61.5%。18～22 月龄育肥牛宰前活重 308.9 kg，胴体重 168.1 kg，分别比本地黄牛提高 10.7%和 22.8%。不足之处是耗料增重比较高，达 8.7。

5. 短角牛杂交改良牛

毛色一般为黄红或红色，个别牛为沙毛。额变宽，背腰子直，尻平，体躯深而宽。杂二代公牛初生重 26.84 kg，18 月龄活重 258.12 kg，分别比本地牛提高 29.98%和 24.7%。18～22 月龄育肥牛宰前活重 366.4 kg，胴体重 194.9 kg，分别提高 31.3%和 42.4%。耗料增重比比本地牛低 8.2%，仅为 5.15。河北省牛改调查发现短杂牛适应性强，肥育性能较稳定，在退化的坝上草原放牧抓膘能力高，舍饲育肥增重也快。

此外，安格斯、海福特、辛地红等杂交改良牛效果也不错。各种杂交组合的改良牛，日增重、屠宰率和净肉率均比本地黄牛有明显提高。

(四)肉牛杂交改良方法

1. 经济杂交

也称简单杂交，就是用 2 个不同品种的公、母牛杂交，所生杂一代牛全部用于育肥。如用西门塔尔公牛或夏洛来公牛与本地黄牛杂交等(图 2-4)。

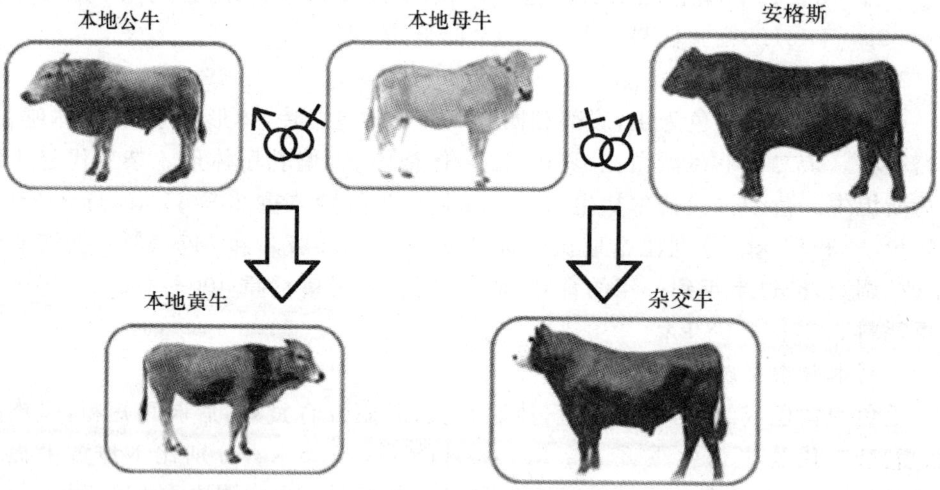

图 2-4 肉牛经济杂交

2. 轮回杂交

轮回杂交是用 2 个或 2 个以上的品种公牛，先用其中一个品种的公牛与本地母牛杂交，其杂种后代的母牛再和另一品种的公牛交配，以后继续交替使用与杂种母牛无亲缘关系的 2 个品种的公牛交配。3 个品种以上的轮回杂交模式相同。这种方式可使逐代都能保持一定的杂种优势。据研究，2 个品种和 3 个品种轮回杂交，可分别使犊牛活重增加 15%和 19%。两品种轮回杂交如图 2-5 所示。

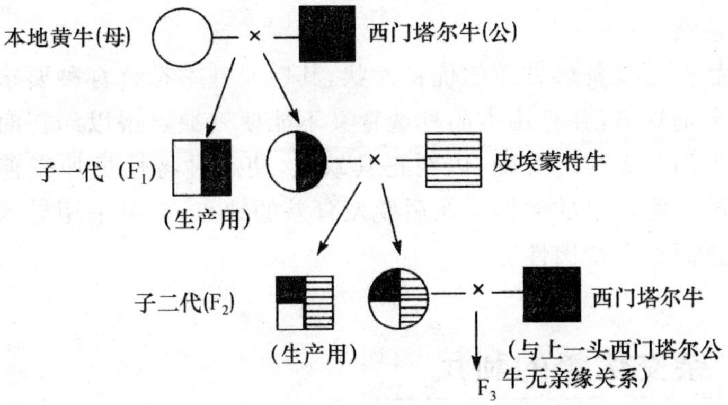

图 2-5 两品种轮回杂交示意图

3. 级进杂交

即利用同一优良品种的公牛与生产性能低的品种一代一代地交配。这是用高产品种改良低产品种最常用的方法,杂一代可得到最大改良。随着杂交代数的增加,杂种优势逐代减弱,因此实践中不必追求过多代数,一般级进 2～3 代即可。过高代数还会使杂种后代的生活力、适应性下降。

4. "终端"公牛杂交体系

这种方式涉及 3 个品种,即用 B 品种公牛与 C 品种母牛交配,杂一代母牛(BC)再用 A 品种公牛配种,所生杂二代(ABC)全部用于育肥。这种终止于第三个品种公牛的杂交方式就称"终端"公牛杂交方法,可使各品种的优点互补而获得较高的生产性能。

5. 轮回-"终端"公牛杂交体系

这是轮回杂交和"终端"公牛杂交的结合,即在 2 个品种或 3 个品种轮回杂交的后代母牛中保留 45%继续轮回杂交,作为更新母牛群之需;另 55%的母牛用生长快、肉质好的品种公牛("终端"公牛)配种,后代用于育肥,以期达到减少饲料消耗、生产更多牛肉的效果。据试验,2 个品种和 3 个品种轮回的"终端"公牛杂交方法可分别使所生犊牛的平均体重增加 21%和 24%。

6. 育成杂交

育成杂交是用 2～3 个的品种杂交来培育新品种的一种方法,可使亲本的优良性状结合在后代身上,产生原品种所没有的优良品质。在杂种牛符合育种目标时,就选择其中的优秀公母牛进行自群繁育、横交固定而育成新品种。如我国的草原红牛,就是以短角牛级进杂交蒙古牛至三代,将理想的三代公母牛横交,使其优良性能稳定而育成的。

7.导入杂交

当一个品种已具备多方面的优良性状，其性能基本符合育种要求，只是在某一方面还存在个别缺点，并且用本品种选育又不能使其缺点得以纠正时，就可利用具有这方面优点的公牛与之交配，以纠正其缺点，使品种特性更加完善，这就是导入杂交。如我国某些黄牛的尖斜尻及后躯发育差的缺点，就可采用导入杂交的方法，使其迅速纠正而提高产肉性能。

任务15 杂交优势的利用

【学习目标】

针对畜禽场、畜禽繁殖、育种及改良场等部门岗位技术任务要求，学会识别畜禽杂交优势产生的条件，掌握实现畜禽杂种优势措施、配合力测定与杂种优势的度量技术、产生杂交优势的杂交方法，学会制定杂交改良方案。

【操作与实施】

一、畜禽杂交优势产生的条件

(1)杂交亲本群体基因是否优良。

(2)杂交组合是否恰当，即双亲本群体的异质性越大杂种优势越明显。

(3)为杂种优势的发挥提供必要的饲养管理条件。

二、实现畜禽杂种优势措施

1.杂交亲本的选优与提纯

杂种优势的效果是否明显，受到杂交亲本基因的好坏和纯度的直接影响，杂交后代从亲本获得优良、高产的基因是获得杂种优势的基础。杂交亲本的“选优”，就是通过选择使亲本群体优良的基因频率尽可能增加。“提纯”，就是通过选择和近交使得亲本群体某些性状上纯合基因型频率尽可能扩大，个体间差异尽可能缩小。杂交双方亲本群体愈纯，基因频率差异愈大，杂种优势就愈明显。

2.确定最佳杂交组合

有了优良的杂交亲本群体，还要通过杂交试验选出品种或品系间的最佳杂交组合。为了获得最优的杂交组合，应考虑选择差异性比较大的品种或类群作为杂交亲本，如分布上距离较远、来源差别较大、类型特点不同等。

3.建立专门化品系和杂交繁育体系

专门化品系就是优点专一，并专作父本或母本的品系。利用专门化品系杂交可以获得显著的杂种优势。一般父本特点生长快、饲料利用率高，母本特点是繁育性能高，母性好等。例如，猪的三元杂交中杜洛克猪只作为父本。最佳杂交组合，就是通过杂交试验，确定能获得超出一般水平的杂交组合。

三、配合力测定与杂种优势的度量

1.配合力测定

配合力是指种群通过杂交能够获得杂种优势大小的程度。一个杂交组合是否合适、杂种后代优势是否明显，只有通过杂交试验，配合力的测定才能确定，确定理想的杂交组合，才能进行大规模的杂交，这样杂交效果才明显。

配合力有两种，即一般配合力和特殊配合力。一般配合力指的是一个种群与其他各种群杂交所能获得的优良性状的平均值。如果一个品种与其他各品种杂交，经常能够获得较好的效果，那么它的一般配合力就好；特殊配合力是指两个特定种群之间杂交所能获得的超过一般配合力的杂种优势。一般杂交试验进行配合力测定，主要测定特殊配合力。

2.杂种优势的度量(表 2-2)

表示杂种优势的大小值叫杂种优势值。

即

$$H=F_1-\bar{P}$$

式中：H 是杂种优势值，F_1是一代杂种平均值，$\bar{P}$是两亲本群体纯繁时的平均值。

为了便于多性状间相互比较，消除因不同单位造成的影响，杂种优势值常用相对值，即杂种优势率表示，其计算公式如下：

$$H=\frac{\bar{F_1}-\bar{P}}{\bar{P}}\times 100\%$$

例如，某一次杂交试验结果如表 2-2 所示，计算断奶窝重的杂种优势率。根据杂种优势率计算公式得：

表 2-2 约克夏猪与金华猪杂交试验结果

组别	窝重/kg	平均窝产仔数/个	平均断奶窝重/kg
约×金	12	10.00	129.00
约×约	17	8.20	122.50
金×金	17	10.41	106.75

$$H=\frac{\bar{F}_1-\bar{P}}{\bar{P}}\times 100\%$$

$$=\frac{129-\frac{1}{2}(122.5+106.75)}{\frac{1}{2}(122.5+106.75)}\times 100\%$$

$$=\frac{129-114.63}{114.63}\times 100\%$$

$$=12.5\%$$

四、产生杂交优势的杂交方法

(一)单杂交

又叫二元杂交或简单的经济杂交。单杂交就是用两个不同品种(或品系)杂交,产生的一代杂种公母畜禽全部作经济利用,不留种(图 2-6)。

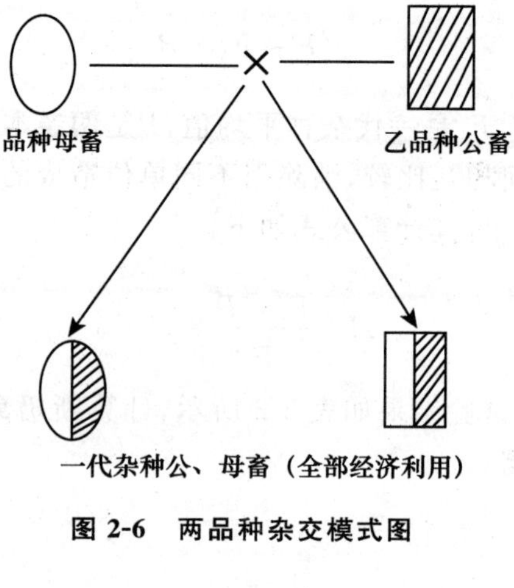

图 2-6 两品种杂交模式图

1. 通常做法

选用当地优良品种为母本，引入品种作父本开展杂交。杂种一代优势可靠，在提高生长率、饲料报酬方面作用是显著的。例如养猪业中用引入良种公猪和本地优良母猪杂交已经取得了显著效果。

2. 优点

方法简单易行；数量不用太多便可杂交。

3. 缺点

不能充分利用繁殖性能方面的杂种优势。

(二)三元杂交

三元杂交又叫三品种杂交。三元杂交就是先用两个品种杂交产生具有杂种优势的母本，再与第三个品种的公畜杂交，产生的三品种杂种全部供经济利用。杂交模式如图 2-7 所示。

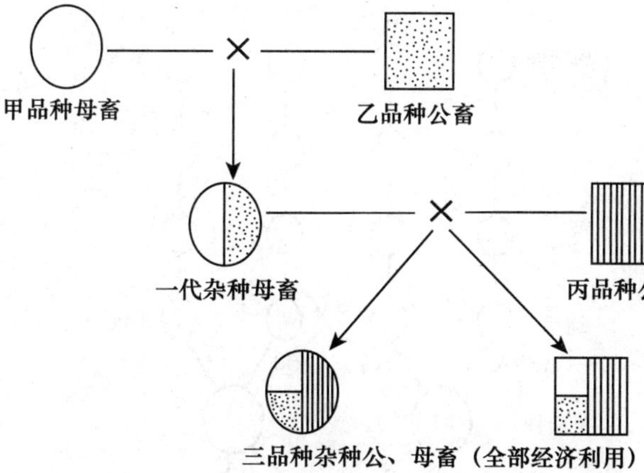

图 2-7 三元杂交模式图

1. 通常做法

一般来说，选用三个品种，经过配合力的测定，按照最佳的杂交组合开展杂交。例如养猪中选用长白猪、大白猪、杜洛克猪三个品种开展三元杂交已在全国普遍推广应用，取得显著成果。生产中常用长白猪公猪和大白猪母猪杂交，杂种一代叫二元猪，公猪经济利用，母猪留作种用，再和杜洛克公猪杂交，杂种后代叫三元猪，全部做经济利用。

2. 优点

三品种杂交的总杂种优势要超过单杂交；可以充分地利用繁殖性能方面的杂

种优势。

3. 缺点

需要饲养三个纯种;需要进行两次杂交试验才能确定最佳杂交组合;组织工作和技术工作都比较复杂;成本也较高。

(三)双杂交

用四个品种分别两两杂交,然后再在两种杂种间进行杂交,产生经济利用畜禽群,这种方法叫双杂交。

1. 通常做法

双杂交最初用于生产杂交玉米,在畜牧业中主要用于养鸡业。鸡的双杂交基本方法是:先用高度近交建立近交系,再进行近交系间配合力测定,选择适于作父本和母本的单杂交系,然后再进行单杂交系间的杂交。选定了杂交组合后分两级生产杂交鸡,第一级是生产单杂交鸡,第二级是生产双杂交商品鸡(图 2-8)。

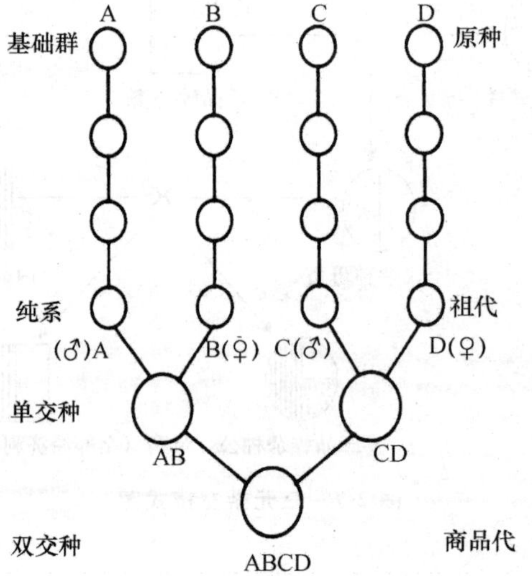

图 2-8 鸡近交系双杂交示意图

2. 优点

遗传基础广泛,容易获得更大的杂种优势;除利用杂种母畜禽的优势外,还利用了杂种公畜禽的优势;由于大量利用杂种繁殖,可少养纯种,降低生产成本。

3. 缺点

完成这种杂交方式需要四个种群,成本高,组织工作比较复杂。

由于家禽生产中同时保持四个纯种群比较容易,因而被广泛应用于现代蛋鸡生产中,完成双杂交种,一般要建立四种类型的繁育场。

(四)轮回杂交

用两个或两个以上品种轮流杂交,这种杂交方式称为轮回杂交。

1.通常做法

用两个或两个以上品种杂交,先两个品种杂交,杂种后代中的母畜禽除选留一部分再与另一品种杂交外,其余杂种母畜禽和全部杂种公畜禽供经济利用,依次类推。其杂交模式如图 2-9 和图 2-10 所示。

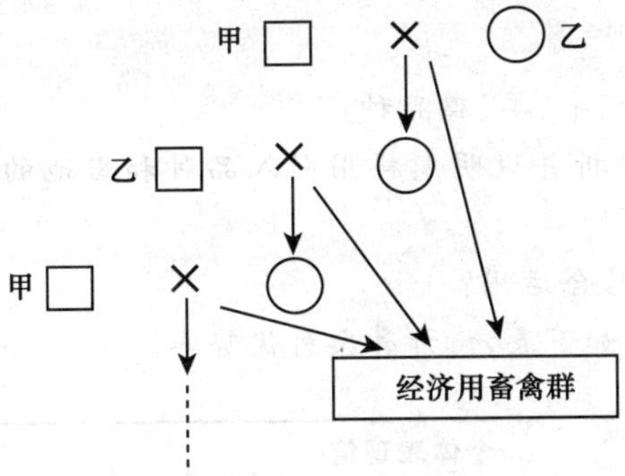

图 2-9 二元轮回杂交示意图

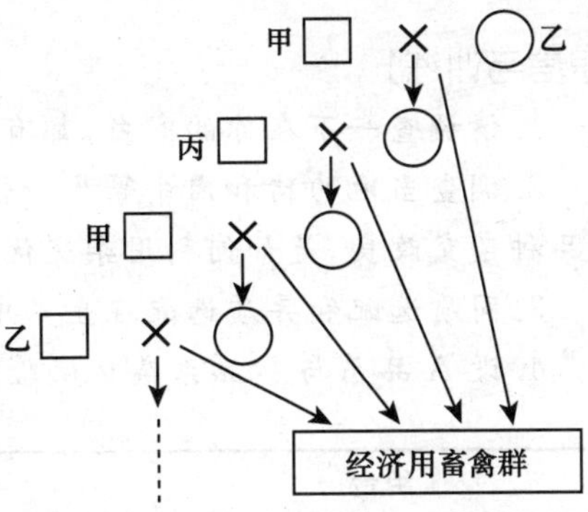

图 2-10 三元轮回杂交示意图

2.优点

①能充分利用母畜的繁殖性能的杂优势;

②这种方法对于单胎家畜比较合适;

③每代引入的纯种公畜少;

④交配双方差异比较大。

3.缺点

公畜需代代更换,即使发现好的公畜也不能连续使用。

五、杂交改良方案的制定

1.明确改良目标

改良目标要根据社会经济发展的需要、满足人民生活水平日益提高的需要来制定。如黄牛改良目标是向肉用或乳用方向发展。

2.选择适宜的杂交改良方法

要根据选用品种的多少及改良目标确定适宜的杂交改良方法。既要有利于实施,又要能达到预期目的。

3. 慎重选择杂交亲本，筛选最佳杂交组合

杂交亲本的母本一般选择地方品种，父本一般选择引进优良品种，而且要加强对父本的选择。

4. 建立杂交繁育体系

可根据需要建立三级或四级杂交繁育体系。

5. 加强对试验示范推广工作的指导

由于我国畜牧业以户养为主，开展杂交改良工作涉及许多养殖场(户)的利益，因而，推广工作应由点到面逐步进行，并要加强对推广工作的技术指导。

【思考与训练】

1. 请调查一下在你的家乡，都有哪些猪、牛、羊、鸡品种？

2. 调查当地的猪和肉牛等生产情况，分析并说明怎样用引入品种和当地的地方品种杂交改良，是如何利用杂交优势技术的？

3. 同质选配和异质选配在生产中怎样结合运用？

4. 设A品系与B品系杂交试验的结果如下表，请计算杂种优势率。

组合	个体表现值
A×B	25　31　24　30　23　27
B×A	24　29　23　28　26
A×A	20　23　23　23　25
B×B	23　25　25　26　24　24

5. 试根据下列中三品种杂交试验结果，计算日增重的杂种优势率。

组别	头数	始重/kg	末重/kg	平均日增重/g
本地猪×本地猪	6	5.10	75.46	180.45
内江猪×内江猪	5	9.61	76.12	228.10
巴克夏猪×巴克夏猪	4	5.59	76.01	258.85
内江猪×巴本杂交猪	4	9.83	76.79	278.41

模块三　家畜人工授精技术

项目五　畜禽生殖器官的识别与生殖激素应用

项目六　公畜精液采集与保存技术

项目七　公畜精液实验室品质检验

项目八　母畜输精技术

项目九　母畜妊娠诊断与分娩助产技术

导读

家畜人工授精技术是提高优秀公畜的配种效率、加快品种改良步伐及育种效率的重要手段。模块三为畜禽生殖器官的识别与生殖激素应用、公畜精液采集与保存技术、公畜精液实验室品质检验、母畜输精技术、母畜妊娠诊断与分娩助产技术。

项目五　畜禽生殖器官的识别与生殖激素应用

任务 16　雄性畜禽生殖器官识别

【学习目标】

针对畜禽场、畜禽繁殖场、育种场及改良场等部门岗位技术任务要求，学会识别雄性牛、猪、犬生殖器官、公禽的生殖器官形态结构及功能。

【操作与实施】

一、雄性牛、猪、犬生殖器官

雄性畜禽生殖器官由睾丸（生成精子）、附睾（精子贮藏与成熟）、输精管（输送精液）、尿生殖道（精液和尿液的共同通道）、副性腺（包括精囊腺、前列腺、尿道球腺，形成精清）、外生殖器（主要为阴茎，完成交配）等组成。

公牛、公猪生殖器官包括睾丸、附睾、输精管、尿生殖道、副性腺和阴茎（图 3-1）。

雄犬的生殖器官由睾丸、输精管道、副性腺、阴茎等组成（图 3-2）。

1. 睾丸

畜禽睾丸成对存在，分别位于阴囊的两个腔内，均为长卵圆形（图 3-3）。一侧有附睾附着，为附睾缘；另一侧为游离缘。随畜种不同大小有差别。牛、羊、猪的睾丸相对比较大，以羊的睾丸为最大。牛、羊阴囊较马阴囊稍靠前，位于前腹股沟区，睾丸长轴与地面垂直，附睾位于睾丸的后侧，附睾头在上、尾在下。马（驴）阴囊位于两股之间的腹股沟区，睾丸长轴与地面平行，附睾位于睾丸的背外缘，附睾头在前、尾在后。猪的阴囊位于股部之后，睾丸长轴倾斜，前低后高，附睾位于睾丸的前上缘，附睾头在前下方、尾在后上方。睾丸的功能：

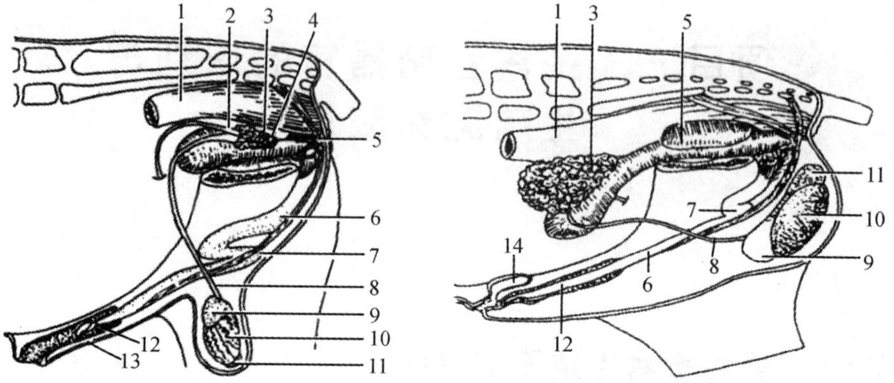

图 3-1 公牛、公猪生殖器官模式图

1. 直肠 2. 输精管壶腹 3. 精囊腺 4. 前列腺 5. 尿道球腺 6. 阴茎 7. S状弯曲 8. 输精管 9. 附睾头 10. 睾丸 11. 附睾尾 12. 阴茎游离端 13. 内包皮鞘 14. 包皮息室

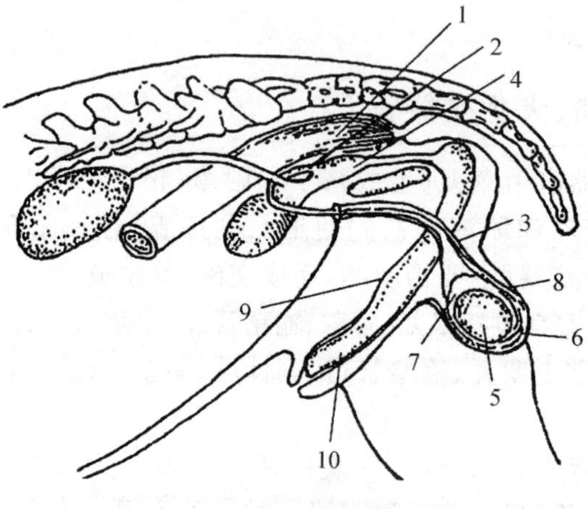

图 3-2 雄犬生殖器官

1. 直肠 2. 输精管壶腹 3. 前列腺 4. 阴茎 5. 输精管 6. 附睾头 7. 睾丸 8. 附睾尾 9. 阴茎游离端 10. 阴囊

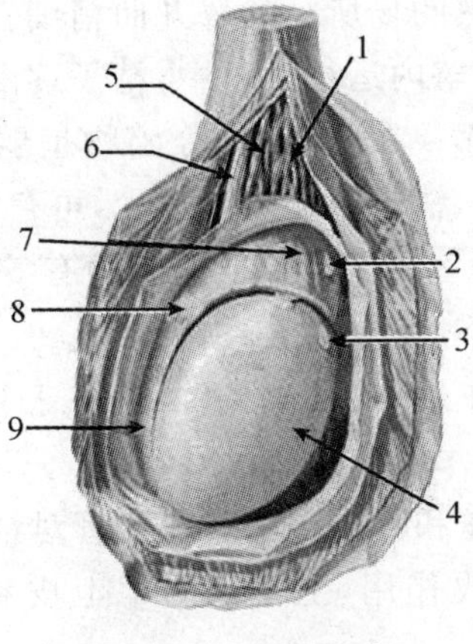

图 3-3 睾丸及附睾

1.蔓状静脉丛 2.附睾附件 3.睾丸附件 4.睾丸 5.睾丸动脉
6.输精管 7.附睾头 8.附睾体 9.附睾尾

(1)产生精子 精细管的生精细胞经过多次分裂后形成精子,贮存于附睾中。

(2)分泌雄激素 睾丸间质细胞分泌雄激素,激发公畜性欲及性兴奋,刺激第二性征,促进阴茎及附性腺发育,维持精子发生及附睾精子的存活。

(3)产生睾丸液 精细管和睾丸网产生大量睾丸液,其中含有钙、钠等离子和少量蛋白质,主要作用是维持精子的生存,并有助于精子向附睾头部运动。

2. 附睾

位于睾丸的附着缘。分头、体、尾三部分。头膨大,由睾丸输出管相连结(图 3-4)。睾丸输出管汇合成一条较粗而长的附睾管盘曲成附睾体和附睾尾,最后过渡为输精管。附睾功能:

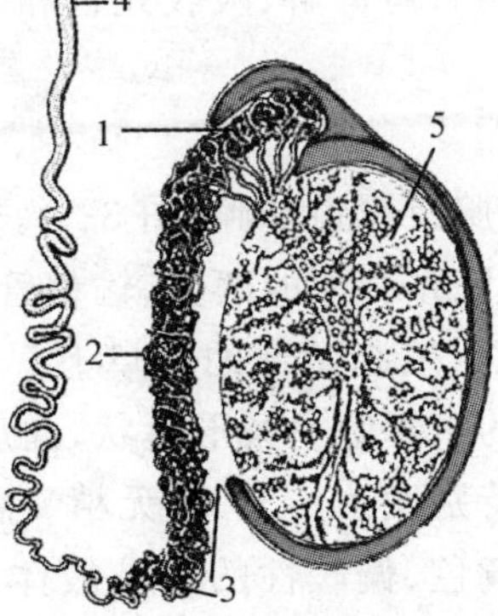

图 3-4 附睾及输精管结构图

1.附睾头 2.附睾体 3.附睾尾 4.输精管 5.睾丸

(1)附睾是精子最后成熟的场所　从睾丸曲精细管产生的精子,刚进入附睾头时,形态尚未发育完全,在附睾内运行过程中,精子逐渐达到功能成熟。

(2)附睾是精子的贮存库　在附睾内,分泌物呈弱酸性(pH 为 6.2～6.8),渗透压高,缺乏果糖,温度较低,精子消耗能量很少,可存活月余并保持受精能力。一头公牛两侧附睾可容纳 74.1×10^9 个精子,其中约有 54%贮存在附睾尾部;公猪附睾贮存的精子数为 2×10^{11} 个,其中 70%在附睾尾。

(3)附睾管的运输精子作用　精子在附睾内缺乏主动运动能力,主要靠纤毛上皮及附睾管壁平滑肌的收缩作用使其通过附睾管。

(4)附睾管对精子的吞噬和吸收作用　附睾管对精液中可能出现的未成熟、衰老、死亡精子具有分解和吸收作用,主要由附睾上皮和管腔内的巨噬细胞吞噬来完成。

3. 输精管

输精管由附睾管延续而来,而后进入由睾丸系膜、血管、淋巴管、神经、睾内提肌共同组成的精索(呈锐三角形)。沿腹股沟管进入腹腔,此后即和精索内的其他部分分开。单独向后上方进入骨盆腔。至膀胱背面,两侧输精管都进入尿生殖皱襞内。在此处输精管变粗,形成输精管壶腹。牛、羊的输精管壶腹比较明显,粗细介于马和猪之间。马(尤其是驴)的输精管壶腹发达。猪和猫的输精管壶腹不明显。输精管的功能:

(1)运送精子　输精管的肌肉层较厚,交配时收缩力较强,能将精子排送入尿生殖道内。

(2)分泌功能　壶腹部的分泌物为精子提供营养。牛、羊精液中部分果糖来自于壶腹部。

(3)分解、吸收作用　输精管可分解、吸收死亡和老化精子,壶腹部可贮存少量精子。

4. 副性腺

副性腺包括精囊腺、前列腺及尿道球腺(图 3-5)。

(1)精囊腺　成对位于膀胱颈背面的两旁,输精管末端的两侧。与同侧的输精管形成射精管,共同开口于尿生殖起始部的精阜上。牛、羊、猪的精囊腺都是由致密的分叶腺体组织构成。马的精囊腺呈梨形囊状,向后缩小成输出管。牛、羊的精囊腺比马的小。猪的精囊腺特别发达。犬、猫无精囊腺。

精囊腺分泌液呈白色或黄色、偏酸性的黏稠液体,含有较高的果糖和柠檬酸,而果糖是精子的主要能量来源,柠檬酸与无机物维持渗透压。

(2)前列腺　位于膀胱尿道开始处精囊腺之后。牛和猪的前列腺分为体部和

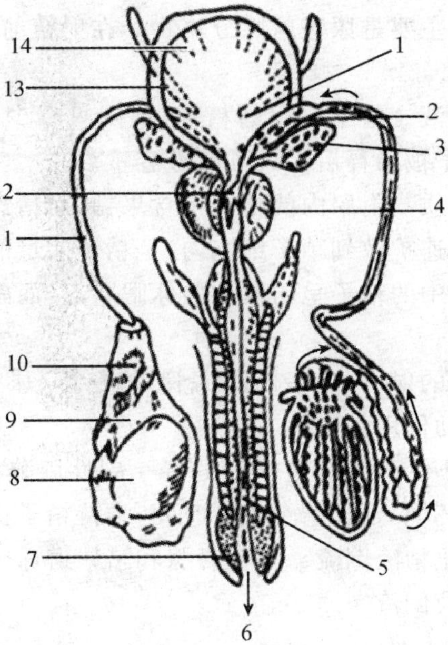

图 3-5　副性腺

1.输尿管口　2.输精管　3.精囊腺　4.前列腺　5.尿道海绵体　6.尿道外口　7.阴茎头　8.睾丸　9.附睾　10.白膜　11.输精管　12.射精管　13.输尿管　14.膀胱

扩散部两部分。体部位于膀胱颈与骨盆尿道交界处，牛的为棱形，猪的为纽扣形。猪的体部小，而扩散部很大，包在骨盆尿道部尿道黏膜外面尿道海绵体肌间，由体部向后延伸而来，其腺管成行开口于尿生殖道内。羊的前列腺最不发达，仅有扩散部，而且为尿道肌所包围，外观看不到。马的前列腺由两个侧叶和一个峡部所构成，形似蝴蝶，为复管状腺，有许多排出管开口于精阜的两旁。

(3)尿道球腺　成对位于尿生殖道骨盆部出口的外侧两旁，各有一个排出管(马有 7～8 个)开口于尿道内。猪的尿道球腺最为发达，为圆柱状，上面覆盖的尿道球肌很薄，所以能看出它的分叶。马的尿道球腺比猪的小，牛、羊的最小，均成球状，上面覆盖的尿道球肌较厚。犬无尿道球腺。

猪的尿道球腺分泌黏滞胶状乳白色液体，即精液中的胶质成分。其他家畜的分泌物清亮稀薄。公牛爬跨前从包皮流滴出来的液体即尿道球腺的分泌物，有润滑和清洗尿道的作用。

(4)副性腺的机能　精液中精清主要来自副性腺，含有精子所必需的营养成分，提供增强精子运动能力的适宜酸碱度，并作为精子排出和运动的媒介，使精子在较长时间内保持受精能力。

①冲洗尿生殖道　主要是尿道球腺分泌物。在射精前排出后冲洗尿生殖道中的尿液，创造良好环境。

②精子的天然稀释液　附睾排出的精子，周围只有少量液体。副性腺分泌物为精子内源稀释液，精子被稀释后扩大了精液容量。

③供给精子营养物质　附睾内的精子不含果糖，而精囊腺分泌液含有果糖，精子与精清混合后果糖迅速扩散到精子细胞内，是精子能量的主要来源。

④活化精子　附睾中的精子呈弱酸性的休眠状态，而副性腺分泌液偏碱性，能够增强精子的活动能力。

⑤运送精子　精液的射出，除借助附睾管、输精管、尿生殖道管壁平滑肌收缩外，副性腺分泌液起推动作用。

⑥保护精子，缓冲不良环境对精子的危害　副性腺分泌液中含柠檬酸盐和磷酸盐，可抵抗阴道酸性环境，延长精子存活时间，维持精子受精能力。

⑦形成阴道栓，防止精液倒流　马精囊腺和猪尿道球腺分泌物具凝固作用，利于形成阴道栓，防止精液倒流。

5. 尿生殖道

尿生殖道是公畜尿和精液排出的共同管道。可分为骨盆部和阴茎部，以坐骨弓为界，在交界处管腔变窄，形成尿道峡部。阴茎部位于阴茎海绵体腹面的尿道沟内。在尿生殖道骨盆部的腹面正中线上做纵切口，可以看到起始部尿道上壁有一圆形隆起的精阜，上有射精孔，是输精管和精囊腺的输出管共同形成的开口。前列腺的开口在其两侧，尿道球腺开口在其后。

6. 阴茎

阴茎由阴茎根、阴茎体和龟头组成。阴茎借助于两个阴茎脚固定于坐骨弓，从这里开始，在两股之间沿着下腹壁走向脐部，龟头位于其末端。阴茎由两个阴茎海绵体和腹面的尿道海绵体组成，为阴茎的勃起组织。牛的阴茎在阴囊之后形成“S”形弯曲，并由阴茎伸缩肌固定于阴茎根上，交配时伸直。龟头上下较扁且前端有些扭转。羊的阴茎与牛的相似，但比牛的细小，尿道突细长，呈蚯蚓状，绵羊的较长，山羊的较短。猪的“S”形弯曲在阴囊之前。马的阴茎长而粗大呈扁圆柱状，龟头膨大，其前下侧有一龟头窝，内有尿道突。

犬的阴茎构造比较特殊，一是有一块长 8～10 cm 的阴茎骨；二是在阴茎的根部有两个很发达的海绵体，在交配过程中，海绵体充血膨胀，卡在母犬的耻骨联合处，使得阴茎不能拔出而呈栓塞状(图 3-6)。

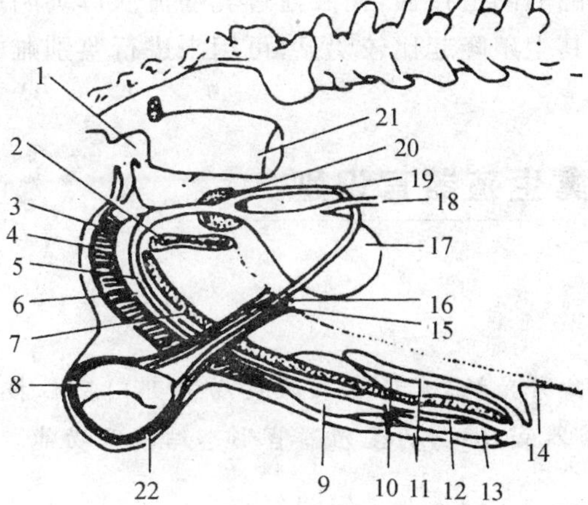

图 3-6　犬阴茎侧面图

1.外肛门括约肌　2.耻骨联合　3.阴茎退缩肌　4.球海绵体肌　5.尿道　6.尿道海绵体　7.图茎海绵体　8.附睾　9.龟头球　10.包皮脏侧　11.包皮壁侧　12.龟头体　13.阴茎骨　14.腹膜　15.腹股沟管　16.阴囊动脉　17.膀胱　18.输尿管　19.输精管　20.前列腺　21.直肠　22.阴囊

二、公禽生殖器官

公禽生殖器官主要由睾丸、附睾、输精管和退化的交配器官构成(图 3-7)。

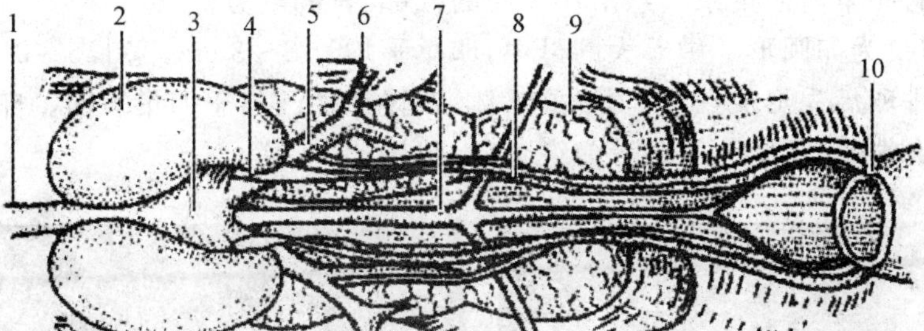

图 3-7　公鸡生殖器官

1.后腔静脉　2.睾丸　3.睾丸系膜　4.附睾　5.髂静脉　6.输尿管　7.主动脉　8.输精管　9.肾脏　10.泄殖腔

公禽生殖器官的睾丸悬于腹腔肾脏前叶下方，脊柱腹侧，附睾较短而不发达；无副性腺，只有输精管末端附近的脉管体及泄殖腔内淋巴褶所分泌的透明液。输精管一对，与附睾一起是精子成熟和贮藏的场所；没有阴茎，但有一个勃起的交媾器，交配时与母鸡外翻的阴道接通，精液通过乳嘴流入母鸡阴道。

刚孵出的公雏，其生殖隆起比较明显，可用来进行鉴别雌雄。

任务 17 雌畜禽生殖器官识别

【学习目标】

针对畜禽场、畜禽繁殖场、育种场及改良场等部门岗位技术任务要求，学会识别雌性牛、猪、犬生殖器官、雌禽的生殖器官形态结构及功能。

【操作与实施】

一、雌性家畜生殖器官识别与检查

母畜的生殖器官包括：卵巢、输卵管、子宫、阴道、尿生殖前庭、阴唇和阴蒂。位于腹腔和骨盆腔内，上面为小结肠和直肠，下面为膀胱。牛的左前侧为瘤胃，马的右前侧为盲肠。子宫颈以前的部分，靠子宫韧带连到腹腔背侧。子宫颈以后的各部分，靠结缔组织及脂肪固定在骨盆腔侧壁上。

1. 卵巢

畜禽的卵巢由卵巢系膜悬吊在腹腔的腰部、肾的后方。

牛：卵巢为卵圆形。中等大的母牛，卵巢平均长 2～3 cm，宽 1.5～2 cm，厚 1～1.5 cm。排卵后先形成红体，再形成黄体，黄体往往凸出于卵巢表面。卵巢位于两侧子宫角尖端的外侧下方，耻骨前缘附近(图 3-8)。

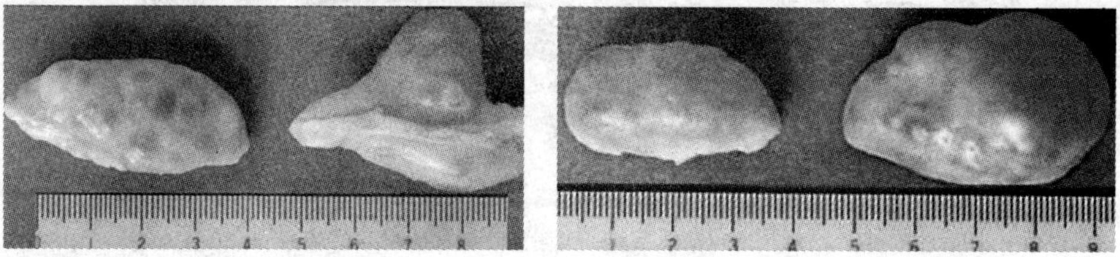

图 3-8 牛卵巢及其上面的卵泡和黄体

羊：卵巢比牛的圆。体积也小些。其他特点同牛。

猪：有发达的卵巢囊，卵巢和输卵管有时包在卵巢囊内。卵巢体积和形状随着母体的成熟程度而有不同。初生仔猪卵巢形似肾脏，在接近性成熟时，由于卵巢上许多的小卵泡，体积增大，形状好似桑葚。达到性成熟时，卵巢上有许多大卵泡及黄体和红体，很像一串葡萄，在此期间卵巢体积最大。

马：卵巢似豆形或肾形。附着缘宽大，游离缘内陷形成排卵窝。根据发情周期的不同时期，卵巢的直径大小为 3～7 cm 不等。由于卵泡发育，卵巢的外形也随之改变，带有黄体的卵巢体积虽然增大，但外形变化不明显。卵泡排卵后，首先形成红体（血凝块），在黄体组织初形成时，呈皱襞状包着红体。然后在黄体的形成过程中，红体逐渐被吸收。老黄体的体积缩小，一端指向排卵窝。

2.输卵管

为成对的弯曲管道。从卵巢附近开始延伸到子宫角尖端。输卵管的前 1/3 段较粗，称输卵管壶腹，是精子和卵子结合受精的部位；后 2/3 段变细，称为输卵管峡部。两者的连接部称为壶峡连接部。输卵管的子宫端是与子宫角尖端相连接，成为宫管连接部。

牛、羊：输卵管弯曲较少，输卵管伞部发达（图 3-9）。

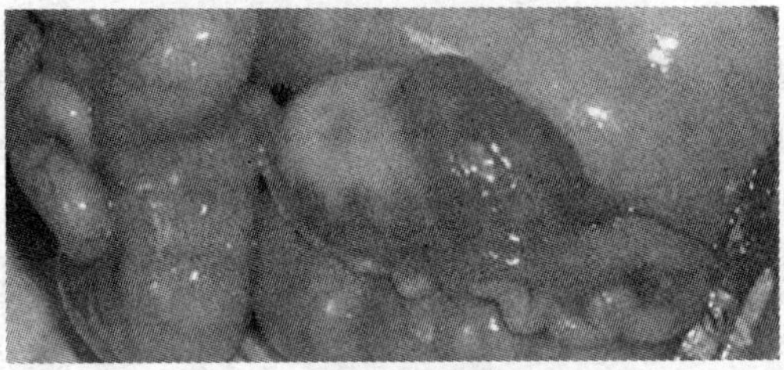

图 3-9　羊的输卵管

猪：输卵管有许多小弯曲。输卵管伞比较大。其开口接近卵巢囊的底部。输卵管和子宫角之间界限明显。

马：输卵管有许多弯曲，输卵管的腹腔端扩大呈漏斗状，其边缘不整齐，形成许多皱襞，称为输卵管伞。输卵管伞附着在卵巢的排卵窝旁边。卵巢囊比较发达。宫管连接部界限明显。

3.子宫

大部分位于腹腔，少部分位于骨盆腔。前接输卵管，后接阴道。借助于子宫阔韧带悬于腰下。分为子宫角、子宫体、子宫颈三部分。

牛、羊：子宫形状似弯曲的绵羊角。子宫角向前下方弯曲再向后上方。子宫角的大弯在上，小弯在下。两个子宫角在靠近子宫体的一段外表彼此粘连，在内部有纵隔将之分开，在粘连部分的上缘有一明显的纵沟（称为角间沟）。这类子宫为双角子宫。每个子宫角都是从基部开始向前逐渐变细。子宫黏膜上有突起的子宫阜（成为怀孕牛、羊母体胎盘)。牛和羊的子宫阜不同点在于羊的子宫阜的中央有一凹陷。

牛、羊的子宫体均比较短。子宫颈肌肉层发达,在牛的直肠检查时很容易摸到。牛的子宫颈管道内不仅有纵形皱襞,而且还有大而横行的皱襞,使子宫颈管关闭很紧。羊的这种皱襞更明显。子宫颈外口突出于阴道中,经产牛肥大,呈菜花状(图 3-10)。

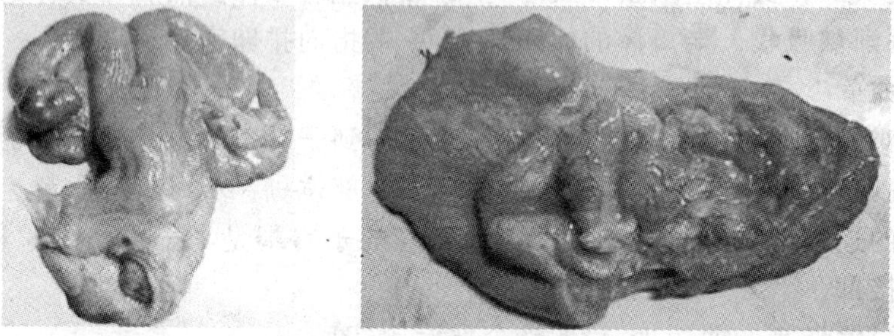

图 3-10 牛的子宫颈

猪:子宫角在靠近子宫体 5～10 cm 的部分也是彼此相连的。分开的两个子宫角形成许多弯曲,很似小肠。成熟母猪的子宫角长 100～150 cm。

猪的子宫体不明显。

猪的子宫颈长 10～18 cm,子宫颈管内黏膜有两排交错的半圆形突起,呈连续性的放射状,中间的较大,两端的较小。子宫颈的前方与子宫体、后方与阴道均没有明显地界限,而是逐渐地过渡,因此没有子宫颈阴道部。人工输精时输精管很容易插入。此外,还有双子宫型动物,如兔和大鼠,两个子宫角的每一个具有分开的子宫颈管道,通向阴道。

马:整个子宫呈"Y"形。为双子宫。两个子宫角不如双角子宫那样长、那样明显。子宫角为扁带状。稍弯曲呈弓形,似香蕉。子宫角小弯在上,大弯在下,小弯上的浆膜和子宫阔韧带相连接。妊娠时,胎儿占据两个子宫角。子宫黏膜上有大量纵行皱褶。

子宫体接于两个子宫角联合处,子宫体的下部称为子宫底。马的子宫体较其他畜禽的发达。子宫颈前接子宫体,子宫颈外口突出于阴道腔 2～4 cm,构成明显的子宫颈阴道部,子宫颈管的黏膜形成许多高低不等的纵形皱襞,子宫颈通常是自然关闭的,但在发情或分娩以及发生某些疾病时松弛而张开(图 3-11)。

4. 阴道

呈管状,壁薄,具有弹性。为母畜的交配器官。位于骨盆腔内,上为直肠,下为膀胱和尿道,前接子宫,后接尿生殖前庭。马、牛的阴道长 25～30 cm;猪、羊约

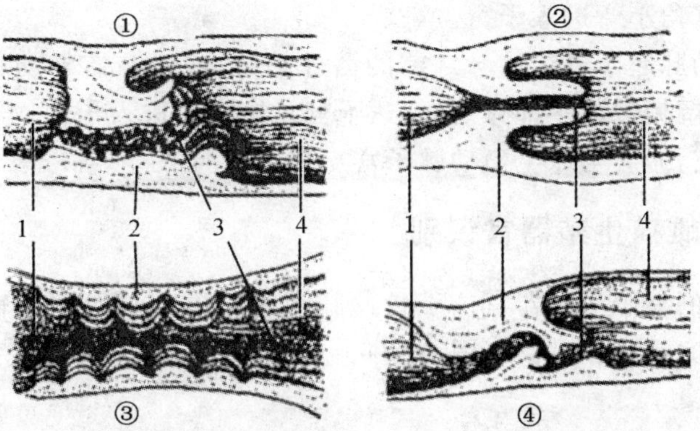

图 3-11　各种母畜子宫颈(正中矢面剖面)

①牛　②马　③猪　④羊

1.子宫体　2.子宫颈　3.子宫颈外口　4.阴道

10～15 cm。黏膜层为复层扁平上皮细胞，发情时发生角质化。无腺体。阴道前部子宫颈口周围形成一个环形隐窝称为阴道穹隆。牛、羊交配时，精液射到阴道穹隆附近；猪无阴道穹隆；马、猪精液则射到子宫颈或子宫内。

5.外生殖器官

包括尿生殖前庭、阴唇、阴蒂。

(1)尿生殖前庭　是指生殖系统和泌尿系统公共的雌性管道部分。即尿道外口至阴门裂的部分。马、牛的前庭较长；猪、羊的较短。于阴道交界处腹侧，马和羊有很明显的阴道瓣(一黏膜褶)；牛和猪不明显。

马的前庭小腺和前庭大腺分别开口于前庭底部和顶部的数个乳头上。

牛尿道腹侧有一黏膜形成的盲囊。前庭大腺开口于侧壁一小盲囊。

羊的前庭大腺似一小豆，开口于前庭侧壁。有时没有。

猪的前庭大腺开口于中线两旁的两条黏膜皱褶之间。前庭小腺开口于前庭底中部凹陷两旁的一对皱褶之间。

(2)阴唇、阴蒂　阴唇分左右两片而构成阴门，两片阴唇的上端及下端联合起来形成阴门上角和下角。牛、羊及猪的阴门相反，下角较尖，呈锐角，且垂至坐骨弓的下面；马的阴门上角较尖，阴门下角较圆。

在阴门下角内包含有球形凸起物即阴蒂，由勃起组织(海绵体)构成，有丰富的感觉神经分布。阴蒂与雄性龟头同源。

6.子宫动脉

牛的子宫动脉位于岬部之前、最后腰椎处，与脐动脉共同于髂内动脉，沿子宫阔韧带走向子宫角小弯进入子宫。

马的子宫动脉起于髂内动脉之前的髂外动脉，或者与髂外动脉共同起于腹主动脉，它沿子宫阔韧带的中部行走，到达子宫角小弯而进入子宫。子宫动脉向前与卵巢动脉子宫支，向后与尿生殖动脉子宫支吻合。

二、雌犬、雌猫生殖器官识别

雌犬、雌猫的整个生殖器官位于骨盆腔和腹腔内，包括卵巢、输卵管、子宫、阴道、尿生殖道前庭、阴唇和阴蒂(图 3-12)。

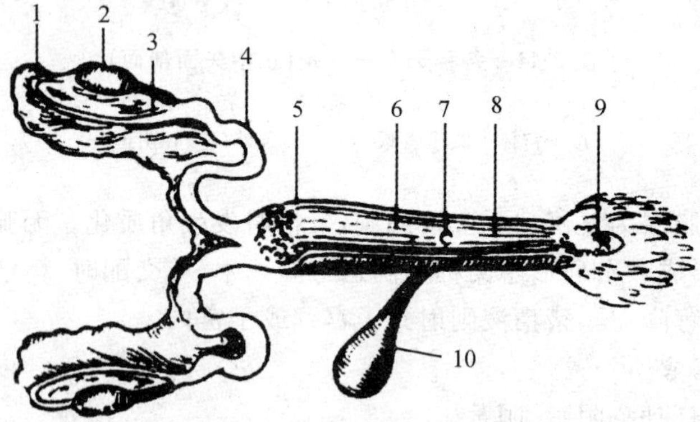

图 3-12 雌犬生殖器官

1.输卵管 2.卵巢 3.卵巢固有韧带 4.子宫角 5.子宫颈 6.阴道 7.尿道开口 8.尿道前庭 9.阴蒂 10.膀胱

1.卵巢

犬的卵巢呈长卵圆形，形似菜豆，长约 2 cm，直径 1 cm，位于第三或第四腰椎横突腹侧，右卵巢比左卵巢位置靠前，卵巢全部在卵巢囊内。成年雌犬卵巢表面凹凸不平。

猫的卵巢位于肾后方，呈卵圆形，长 6～9 mm，宽 3～4 mm，表面有许多白色稍透明的囊状卵泡，黄体呈棕黄色。

2.输卵管

未成年犬的输卵管一般为直管状，成年犬的输卵管明显弯曲，呈螺旋状，平均长度为 4～10 cm，直径为 1～2 mm，伞部开张于卵巢旁。猫的输卵管长 4～5 cm，开口端是膨大的喇叭口，整个输卵管是一个窦，前 2/3 直径较大，后 1/3 很小。

3.子宫

犬的子宫几乎全部位于腹腔内，子宫角细长，平均长 12～15 cm，两子宫分叉形成"V"字形。子宫体长 2～3 cm，壁薄，在其前部有长约 1 cm 的中隔。犬的子宫颈短，壁厚，形似一个卵圆形的团块将子宫和阴道分开，其腹侧部较明显地伸入阴道内。在阴道中的背中线子宫颈处形成子宫颈后褶，并通过一些小的纵褶由子宫颈阴道段延伸到阴门。在发情期及妊娠期，子宫颈后褶变得最为明显。雌犬在发情期，子宫形态为螺旋形，乏情期形态恢复。

猫的子宫呈"Y"字形，子宫角长达 9～10 cm，中部为子宫体，长约 4 cm。子宫后端伸向阴道，与阴道相通的部分为子宫颈。子宫腔和阴道腔有一"V"字形口，互相交通，口向后腹方，顶尖朝向腹方。

4. 阴道

犬的阴道无明显的穹隆，子宫阴道部由前上方呈圆锥状突出于阴道腔 0.5～1.0 cm，其直径为 0.8～1.0 cm。犬的阴道较长，成年中型犬阴道长度为 9～15 cm。

三、雌性家禽生殖器官识别

母鸡生殖器官包括卵巢和输卵管。但左侧卵巢和输卵管发育，右侧已退化（图 3-13）。

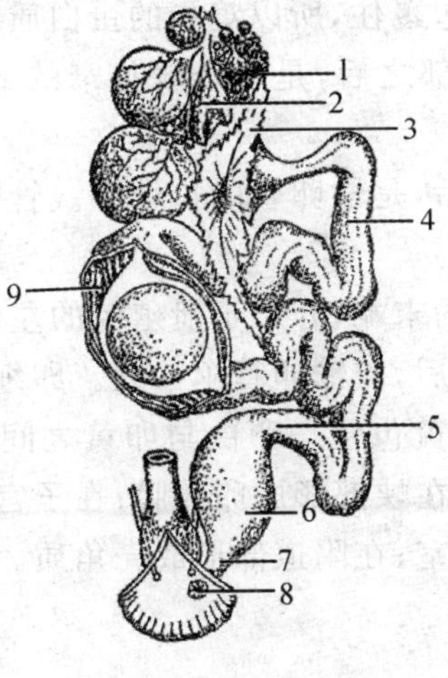

图 3-13　雌性生殖器官

1. 卵巢及各级卵泡　2. 排除卵子后的卵泡膜　3. 输卵管伞部　4. 蛋白分泌部　5. 峡部　6. 子宫　7. 阴道　8. 输卵管口　9. 剖开的输卵管及其中的卵

(一)卵巢

位于倒数第二肋骨和最后肋骨之间，以及肾脏前端。卵巢的表面被覆有生殖上皮，呈不规则的颗粒状。卵巢的皮质里分布卵泡。卵泡是由卵细胞和卵泡细胞构成的，在卵巢的里面可以看到发育不同时期的初级卵泡、生长卵泡、成熟卵泡、排卵后的空卵泡和萎缩卵泡五种。卵泡突出卵巢的表面，呈结节状。卵细胞在成长过程中，最早积贮的是白卵黄。白卵黄的黄卵黄交替聚集，相叠成层。当性成熟时卵细胞急剧增大，形成卵黄。在卵细胞之外，包围着颗粒膜和卵泡膜。颗粒膜、卵泡膜和富有卵黄的卵细胞构成成熟卵泡。成熟卵泡以细的卵泡柄与卵巢相连，外观像一串葡萄。

(二)输卵管

输卵管是一条弯曲的长管，从卵巢向后延伸到泄殖腔。背侧以系膜悬挂在腹腔顶壁中线偏左，腹侧有一游离的系膜。输卵管的形状随年龄和机能而不同。未排卵时仅是一个很薄的恋曲的管道，正在产卵时，它就显著增大，管壁肥厚，富有扩张性。根据构造和机能，输卵管可分为五部分：

(1)伞部　是输卵管的顶端，开口于腹腔，呈漏斗状，卵巢排出的卵子由伞部进入输卵管，并在此受精。

(2)蛋白分泌部　在伞部之后，长约 40 cm。占输卵的大部分。管壁肥厚，黏膜形成纵行皱褶。此部黏膜内含有大量的腺体，能分泌蛋白，当卵经过此部时，分泌的大量蛋白，将卵黄厚厚包裹住，所以鸡蛋的蛋白质就是在此部形成。

(3)峡部　在蛋白分泌部之后，是一个较狭窄的部分，长约 12 cm。其主要作用是形成内壳膜和外壳膜。

(4)子宫部　在峡部之后，是输卵管的扩大部。管壁较薄但管腔较宽。卵壳在此部形成。

(5)阴道部　是输卵管的末端，开口于泄殖腔的左侧。

成熟卵细胞从卵巢排出后，被输卵管伞接获。卵细胞沿输卵管向后移动，在蛋白分泌部被分泌的蛋白把卵黄包住。卵白与卵黄之间有一层卵黄膜隔开，此膜在卵黄自卵泡膜同之前形成。在峡部形成卵壳膜；在子宫部形成卵壳，卵的钝端在卵壳膜与卵壳之间形成一个气室；在阴道部形成壳角质。

任务 18　生殖激素的应用

【学习目标】

针对畜禽场、畜禽繁殖场、育种场及改良场等部门岗位技术任务要求，学会动物生殖激素的临床应用及注意事项。

【操作与实施】

一、促性腺激素释放激素(GnRH)

GnRH 又名黄体素释放激素(LH-RH)、促卵泡激素释放激素(FSH-RH)。

(一)来源

是由下丘脑某些神经核产生的,哺乳动物的 GnRH 均为十肽,相同的分子结构和生物效应。在血液中的半衰期仅为 4 min。可人工合成,其活性比天然的高许多倍。

(二)作用

能刺激垂体前叶合成及释放促卵泡素和促黄体素,但以促黄体素为主。

(三)应用

用于治疗雄性动物性欲减弱、精液品质下降;雌性动物卵泡囊肿和排卵异常等症;国内常用宁波激素制剂厂生产的 GnRH 类似物(LRH-A_1 或 LRH-A_2),即超排 1 号、2 号;治疗母牛卵巢静止和卵泡囊肿等症;母猪和母牛发情配种时或配种后 10 d 内注射 GnRH 或其类似物,可提高配种受胎率。

(四)卵泡囊肿治疗方法(图 3-14)

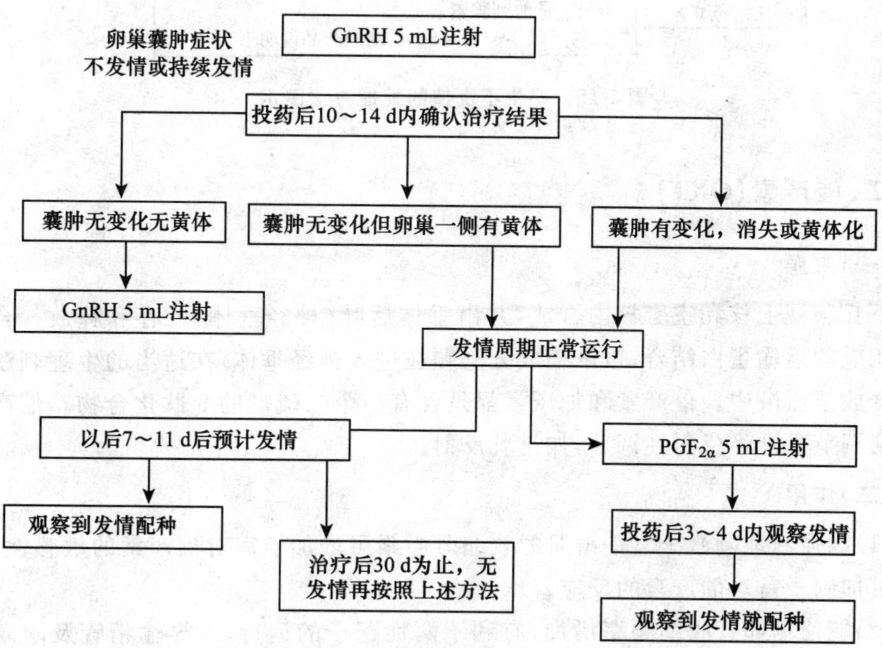

图 3-14 卵泡囊肿治疗方法图示

(五)奶牛不发情的处理方法(图 3-15)

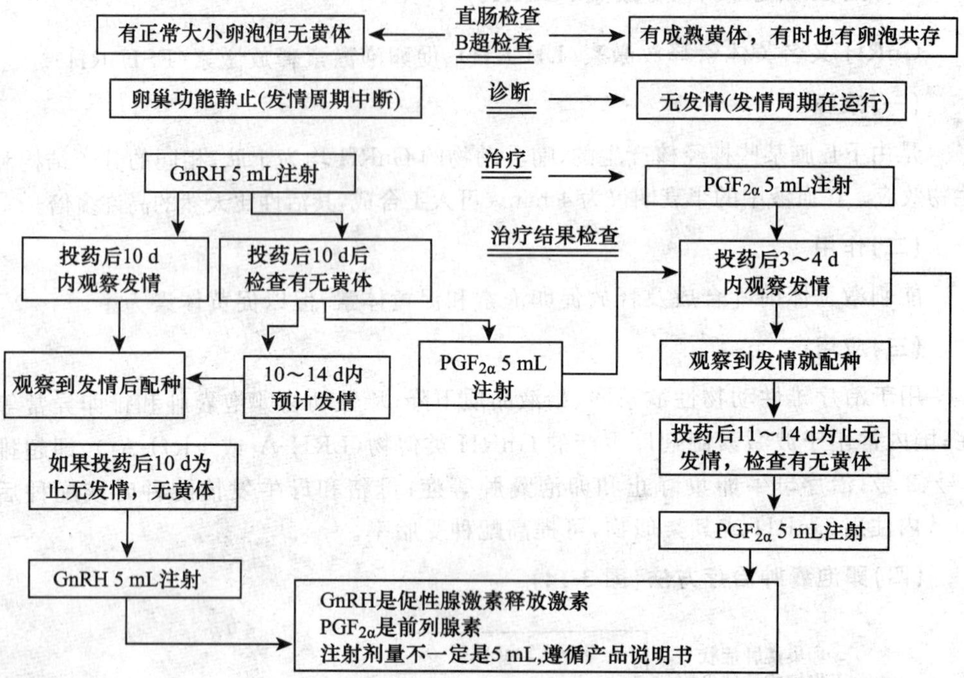

图 3-15　奶牛不发情的处理方法图示

二、催产素(OXT)

(一)来源

下丘脑视上核和室旁核内合成，并由垂体后叶(神经垂体)贮存和释放。合成后与相应的运输蛋白结合，被浓缩成分泌颗粒进入神经垂体，在适当的生理刺激时再被释放至血液中。催产素和加压素都是含有一个二硫键的 9 肽化合物。催产素的分泌调节是神经反射性调节，如排乳反射。

(二)作用

(1)能强烈地刺激子宫平滑肌的收缩雌激素可增加子宫对催产素的敏感性；孕激素可抑制子宫对催产素的反应。

(2)能使输卵管收缩频率增加，有利于两性配子的运行；诱导输精管及附睾收缩，增加精液的射出。

(3)刺激乳腺肌上皮细胞收缩,引起排乳。

(4)催产素可以刺激子宫分泌 PG,引起黄体溶解而诱导发情。

(5)催产素还具有加压素的作用。

(三)应用

治疗胎衣不下,子宫内容物的排出,精液中加入催产素,加速精子运行提高受胎率。

三、促黄体素(LH)

(一)来源

由垂体前叶嗜碱性细胞所分泌的一种糖蛋白激素。

(二)作用

促黄体素对雌性畜禽可促进卵巢血流加速,在促卵泡素协调作用下,促进发育成熟的卵泡排卵,并能刺激黄体的产生和分泌孕酮。

(三)应用

(1)治疗卵巢疾　LH 对排卵延迟、不排卵和卵泡囊肿有较好疗效。

(2)诱导排卵　胚胎移植工作中,为获得更多的胚胎,在供体配种的同时皮下或静脉注射 LH,促进排卵(超数排卵);对非自发性的排卵动物(兔、猫)可在发情旺盛或人工授精时静脉注射 LH,一般在 24 h 内排卵。

(3)预防流产　对于由黄体发育不全引起的胚胎死亡或习惯性流产,可在配种时和配种后连续注射 2～3 次 LH,能促进黄体发育和分泌,防止流产。

四、促卵泡素(FSH)

(一)来源

由垂体前叶嗜碱性细胞所分泌的一种糖蛋白激素。

(二)作用

对雌性畜禽主要是刺激卵泡的生长和发育,促进卵泡内膜细胞的分化;在促黄体素的协同作用下,刺激卵泡的最后成熟。

(三)应用

(1)治疗母畜卵巢疾病　FSH 对卵巢机能不全,卵泡发育停滞或交替发育。并能使较大卵泡发育,较小卵泡闭锁,能消除持久黄体,诱发卵泡生长。

(2)诱导泌乳乏情期母畜发情　猪在产后 4 周,母牛产后 60 d 以内,由于泌乳处于发情状态。猪可用 FSH 诱导发情。牛采用孕酮短期处理并结合注射促性腺激素,可提高发情和排卵率。

(3)超数排卵处理 在胚胎移植中为获得大量卵子和胚胎应用促性腺激素对供体动物进行处理促使其卵泡大量发育成熟和排卵。

(4)提早畜禽的性成熟 某些畜禽有繁殖季节变化。如出生较晚的绵羊和猪,当性成熟时可能错过繁殖季节,这样就多养一年,如对接近性成熟的畜禽使用孕酮和促性腺激素,可提早发情配种。

五、人绒毛膜促性腺激素(HCG)

(一)来源

来自于人和灵长类畜禽胎盘绒毛膜,是一种糖蛋白激素。存在于胎盘和尿液中,在妊娠 8～9 周达到高峰,21～22 周消失。

(二)作用

其功能与促黄体素很相近。

(三)应用

用于促进母畜卵泡成熟和排卵,增强超排效果。治疗排卵迟缓、卵泡囊肿有一定疗效。

六、雌激素

(一)来源

主要产生于卵巢的卵泡内膜,睾丸的间质细胞、胎盘、肾上腺皮质等也能分泌少量的雌激素。卵巢分泌的雌激素主要为雌二醇。

(二)作用

(1)促进母畜第二性征的表现,抑制长骨生长。

(2)促进乳腺管道系统的发育。

(3)促使母畜发情表现和生殖道变化,促进母畜生殖器官的发育。

(4)分娩时雌激素水平升高,是参与分娩发动激素之一。

(三)应用

雌激素应用广泛,主要用于治疗母畜安静发情;分娩时加强子宫收缩,促进排出子宫内容物;雄性畜禽"化学去势"等。

七、雄激素

(一)来源

主要由睾丸间质细胞分泌，肾上腺皮质、卵巢也能少量分泌。最主要的形式为睾酮。

(二)作用

(1)刺激精子的发生。

(2)维持附睾的发育，延长附睾精子的寿命。

(3)促进雄性生殖道、副性腺的发育和机能。

(4)促进雄性畜禽第二性征的表现。

(5)刺激并维持雄性畜禽的性行为。

(三)应用

临床上用于治疗公畜性欲不强、性机能减退和精液品质下降等。

八、孕激素

(一)来源

孕激素主要代表激素是孕酮。主要为卵巢中黄体细胞及胎盘分泌，多数畜禽妊娠后期的胎盘为孕酮最主要来源。此外，卵泡颗粒层细胞、肾上腺皮质及睾丸也能少量分泌。

(二)作用

(1)促进生殖道发育。

(2)调节发情。

(3)促进乳腺泡系统的发育。

(4)促进子宫黏膜层增厚，促进子宫颈口收缩，抑制子宫的自发性活动，有利于早期胚胎发育和保胎。

(三)应用

主要用于母畜的同期发情(图 3-16、图 3-17)，防止功能性流产，治疗卵泡囊肿、持久黄体，根据血中或乳汁的孕酮浓度进行早期妊娠诊断或诊断卵巢机能紊乱。最重要的作用是维持妊娠、安宫保胎。

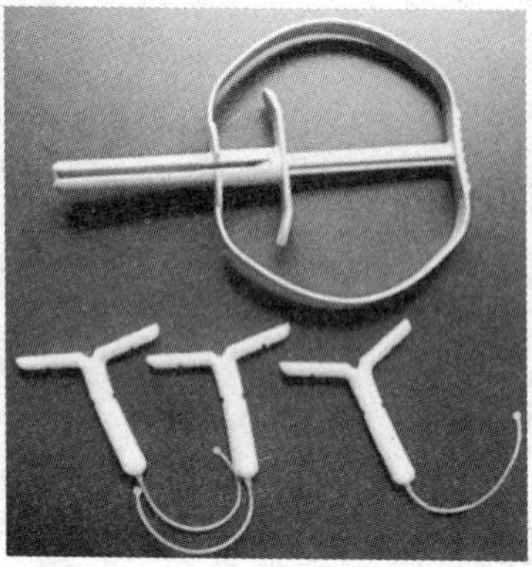

图 3-16 羊用孕酮阴道栓

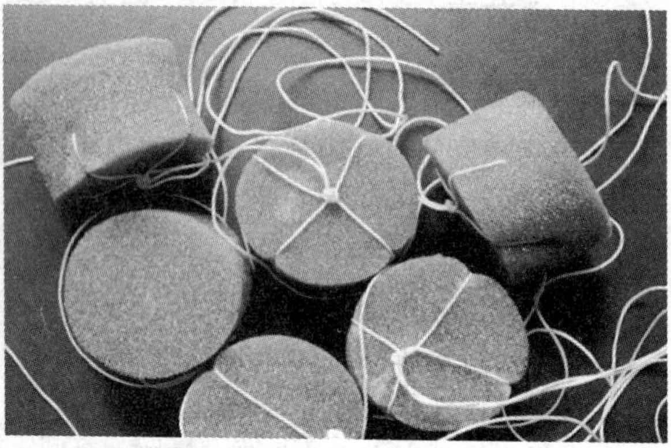

图 3-17 羊用孕酮海绵栓

九、前列腺素(PG)

(一)来源

前列腺素不是由专一的内分泌腺所产生,广泛存在于畜禽的各种组织中,生殖器官是其主要来源。

(二)作用

(1)溶解黄体　使卵巢上的黄体溶解,促进母畜发情。

(2)促进排卵　前列腺素能促进卵泡壁降解酶的合成,刺激卵泡外膜收缩,导致排卵。

(3)提高精子通过子宫颈黏液和穿透卵子的能力。

(4)刺激公畜生殖道收缩,有利于精子的运行和受精。

(三)应用

(1)治疗畜禽繁殖疾病。

(2)溶解黄体、诱导发情。

(3)促进子宫收缩,提高精子的运动能力,提高受胎率。

(4)诱发分娩,用来人工引产。

十、孕马血清促性腺激素(PMSG)

PMSG 现多称马的绒毛膜促性腺激素(eCG)。

(一)来源

主要由马属动物胎盘的尿囊绒毛膜细胞产生。妊娠 40 d 可检测 eCG；60～80 d 达到高峰；120 d 以后消失。eCG 是一种糖蛋白。半衰期山羊 10～15 h；牛 40～120 h；马 144 h；兔和鼠 24～26 h。eCG 的分子不够稳定，高温、酸、碱条件都易引起失效。

(二)作用

(1)具有类似 FSH 和 LH 的重活性，促进卵泡发育、排卵和黄体形成的功能。

(2)雄性动物促进精细管发育和性细胞分化的功能。

(三)应用

生产上主要用于诱导发情和超数排卵（绵羊和猪）；抗 eCG 抗体。

十一、外激素

(一)来源

它是由分布在身体各部、靠近体表的一些腺体分泌，有些畜禽的尿液中也有外激素。

(二)作用

(1)提早性成熟时间。

(2)对发情持续期和排卵时间产生重要作用。

(3)终止乏情期，促进发情。

(4)促进雄性性行为。

(三)应用

1. 公猪的外激素

公猪睾丸中可合成两种特殊气味的化学物质：环戊烷多氢菲相似物和睾酮相似物，均属于类固醇类相似激素。贮存于公猪脂肪中，并由包皮腺和唾液腺排出体外（公猪肉有一种异味——臊气味）。公猪的颌下腺中还可合成一种具有麝香气味的物质，经唾液排出。可引起母猪的静立反射（等待公猪爬跨，用手按腰部，静立不动）；母猪的兴奋，根据气味寻找配偶，促进母猪发情；用墩布沾公猪尿液刷在母猪舍墙上或者母猪身上或者喷洒包皮腺分泌物或提取的外激素或者放公猪配种时发出的声音的录音带，都能引起母猪的兴奋和静立反射。

2. 母仔识别

母仔识别是通过化学通讯物质建立起来的。幼畜产下后，母畜舔仔畜时则做下了气味标记，母畜在群体中根据气味、叫声很快地识别出自己的幼仔。

3. 公羊效应

公羊的气味是一种外激素，也称性引诱剂。由于公羊的刺激可使青年母羊提早性成熟，提早结束季节性乏情，促进集中性发情，提早排卵，提高母羊的排卵率和产羔率。反过来母羊对公羊也是一个强烈的刺激，公羊根据母羊的气味，可以从羊群中找到发情母羊。破坏了公羊的嗅觉、听觉和视觉均会影响公羊的鉴别能力。

项目六　公畜精液采集与保存技术

任务 19　家畜假阴道的安装

【学习目标】

针对畜禽场、畜禽繁殖场、育种场及改良场等部门岗位技术任务要求，学会识别、安装、应用家畜的假阴道。

【操作与实施】

一、家畜的假阴道识别

（一）各种动物假阴道组成

动物的假阴道为长筒状，由外壳、内胎和集精杯（管）三个主要部分组成。其粗细和长短因畜种而异，不同国家不同时期的设计形式也不尽相同（图 3-18）。

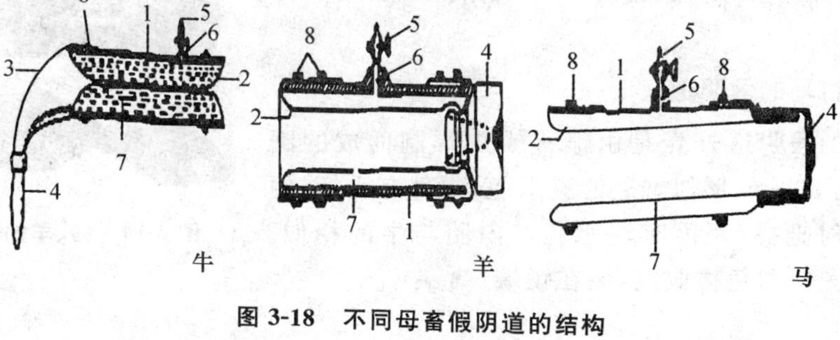

图 3-18　不同母畜假阴道的结构

1. 外壳　2. 内胎　3、4. 集精杯　5. 气嘴　6. 注水口　7、8. 固定胶圈

1. 外壳

牛、羊和猪的假阴道外壳一般为硬橡胶或塑料制成的圆筒，中部装有可吹气、注水和排水的开关。猪用假阴道则在此处连接一个可向假阴道内打气的双链球，以调节压力。马的假阴道的外壳由镀锌铁皮或金属制成，分头、颈和体三部分。筒体的中部装有把柄，其侧面有吹气、注水、排水孔，并有封闭塞或橡胶带。

2. 内胎

由优质橡胶制成的胶筒，目前有些国家将其内胎面制成粗糙面，以增强采精时对阴茎的刺激，利于采精。

3. 集精杯(管)

牛、羊用双层的棕色集精杯(苏式)或有刻度的离心管(美式)。马用黑色橡皮杯(苏式)。猪用棕色有刻度的广口瓶。当用手握法对公猪进行采精时，只需备一只乳胶手套和收集精液的容器即可。集精杯(管)可借橡皮圈直接固定于假阴道的一端或借橡胶漏斗与假阴道连接。

(二)牛的假阴道

牛的假阴道有美式和苏式两种，外壳多为黑色硬橡胶或塑料制成的圆筒，中部有注水孔塞，有带气咀的橡皮塞，可由此注水和充气。内胎是优质橡胶制成的长筒，装于外壳上。美式集精杯是在外壳的一端连接橡胶漏斗，在漏斗上连接有刻度的试管或离心管，最外层用保温套防护；苏式的集精杯为一双层棕色玻璃瓶，中间可注入温水，以防精液受冷刺激。

(三)猪、羊的假阴道

猪、羊的假阴道形态与牛的相同，猪的假阴道比牛的短，集精杯是一广口玻璃瓶，容量为 500 mL。羊的假阴道短而细，集精杯是一个棕色双层玻璃杯(图 3-19)。

图 3-19 猪、羊的假阴道

(四)马的假阴道

马的假阴道外壳是由镀锌铁皮焊制而成的圆筒，长约 50 cm，形似普通的暖水瓶，中部有手柄，便于采精时把握，侧面有注水孔。内胎与牛的相似。集精杯是一黑色橡胶筒，装在锐端。

二、安装假阴道的方法

(一)安装假阴道前的检查

(1)假阴道外壳是否有裂缝或小孔。

(2)假阴道内胎是否漏气,内胎的光滑面是否在里边,边缘是否有裂口。

(3)气门活塞是否有裂口或漏气,扭动是否灵活。

(二)假阴道的安装方法

(1)装内胎　将假阴道内胎装入外壳中,光滑面朝向内腔。使内胎的两端翻卷于外壳两端上,注意内胎的两端和外壳的两端应成为同心圆位置。

(2)固定　用橡皮圈将两端扎紧。

(3)消毒　先以长柄钳夹取 75%的酒精棉球擦拭内胎和集精杯,再以 95%的酒精棉球充分擦拭。采精前,最好用稀释液冲洗 1～2 次。

(4)装水　通过注水孔向假阴道内、外壁之间注入 50～55℃温水,使其能在采精时保持 38～42℃,注水总量约为内、外壁间容积的 1/3～1/2。

(5)充气　安装气门活塞,充入空气使内胎一端的中央形成"Y"字形。

(6)润滑　用消毒好的玻璃棒,取灭菌凡士林少许,均匀地涂于内胎的表面,涂抹深度为假阴道长度的 1/2 左右,润滑剂不宜过多、过厚,以免混入精液中,降低精液品质。当用手握法给公猪采精时不须使用润滑剂。

(7)装集精杯　牛、羊、猪的集精杯(管)可借助特制的保定套或橡皮漏斗与假阴道连接。

(8)测温　用温度计测量假阴道内的温度。温度应为 38～40℃。如果温度不合适,应重新调温注水(图 3-20)。

图 3-20　牛羊假阴道冲气后理想的状态

(三)假阴道的安装注意事项

(1)安装者的指甲须剪短、磨平,以防将内胎划破。

(2)安装好的假阴道须平置,勿碰及其他硬物而损伤内胎。

任务 20 公畜精液采集方法

【学习目标】

针对畜禽场、畜禽繁殖场、育种场及改良场等部门岗位技术任务要求，学会对公畜采精的基本方法，掌握对公畜采精前的准备工作、对公牛公羊的假阴道法采精、对公猪的手握法采精、犬的手握按摩采精法。

【操作与实施】

一、公畜采精的基本方法

（一）假阴道法

假阴道法是牛、羊常用的采精方法。假阴道是一筒状结构，主要由外壳、内胎、集精杯及附件组成。外壳为一圆筒，由轻质铁皮或硬塑料制成，内胎为弹性强、薄而柔软无毒的橡胶筒，装在外壳内，构成假阴道内壁；集精杯由暗色玻璃或塑料制成，装在假阴道的一端。此外，还有固定内胎的胶圈，保定集精杯用的三角保定带，充气用的活塞和双联球等附件。各种畜禽的假阴道结构基本相同，但形状和大小不一（图 3-21、图 3-22）。

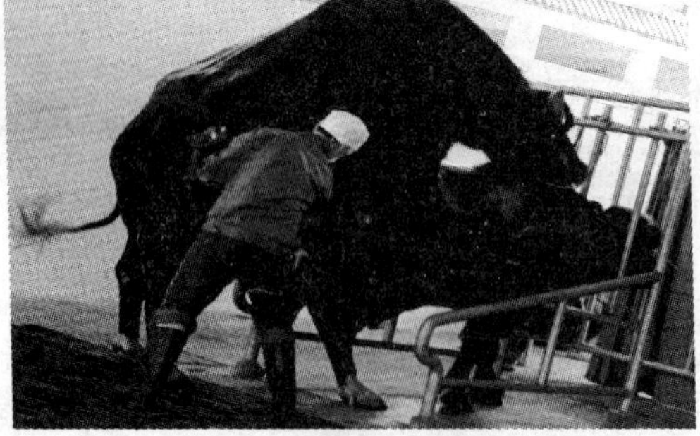

图 3-21 牛的假阴道法采精

图 3-22 羊的假阴道法采精

（二）手握法

手握法是猪常用的采精方法。它具有设备简单、操作方便、能采集富含精子部分的精液等优点，是目前广泛使用的采集猪精液的一种方法（图 3-23）。

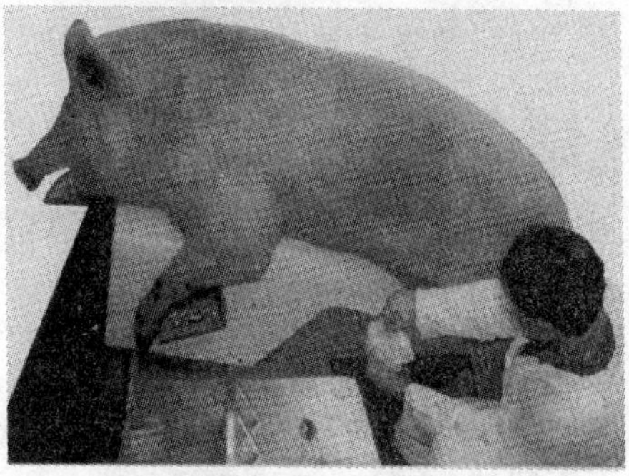

图 3-23　猪的手握法采精

（三）电刺激法

电刺激法是将电刺激采精器（由电子控制器和电极探棒两部分组成）探棒插入畜禽、鹿等特种经济动物的肛门一定深度，通过电流刺激前列腺等相应部位，引起射精而采集精液的一种方法。此法也适用于牛、羊、猪、兔等畜禽，尤其对那些具有较高种用价值但失去爬跨能力的个体公畜，或不适宜其他方法采精的小畜禽和野生动物。

（四）按摩法

此法适用于犬和禽类，主要是禽类。

二、采精前准备

（一）采精场地的准备

公畜采精应有专门的场地（图 3-24），采精场内设有供公畜爬跨的假台畜和保定台畜用的采精架，以便公畜建立稳定的射精条件反射。采精场地要宽敞明亮、平坦、清洁、安静，并要紧靠精液处理室，精液处理室要按照相关实验室的卫生要求，并要有较好的环境调控设施。

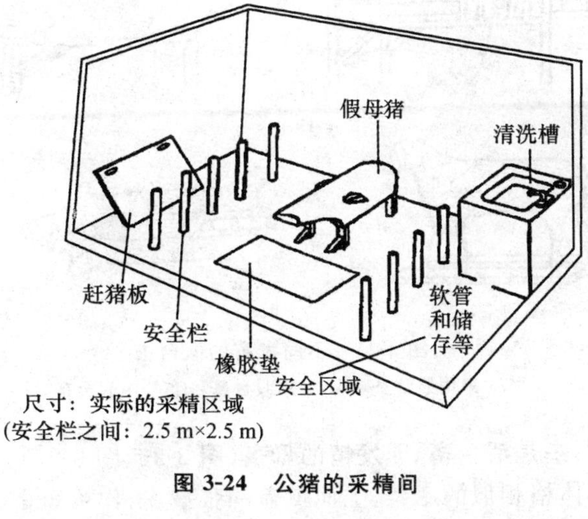

图 3-24　公猪的采精间

(二)技术人员的准备

采精员应技术熟练,动作敏捷,对每一头公畜的采精条件和特点要记录清楚,操作时要注意人畜安全。操作前,要求脚穿长筒靴,着紧身工作服,避免与公畜及周围物体钩挂,影响操作。指甲剪短磨平,手、臂要清洗消毒。

(三)采精器械的准备

采精用的所有人工授精器材,均应力求清洁无菌。在使用之前要严格消毒,每次使用后必须洗刷干净。器材用洗涤剂洗刷后,务必立即用蒸馏水多次冲洗干净而不留残迹,然后经过严格消毒方可使用。经消毒后的器皿、器械,放入事先准备好的70%酒精消毒过的搪瓷盘内,用纱布盖好备用。

(四)台畜的准备

是公畜爬跨的台架,分为真台畜和假台畜。真台畜一般为体格健壮、健康无病、性情温顺的发情母畜;假台畜是用钢筋、木料、橡塑制品、棉絮和同种畜皮制成的类母畜(图 3-25)。

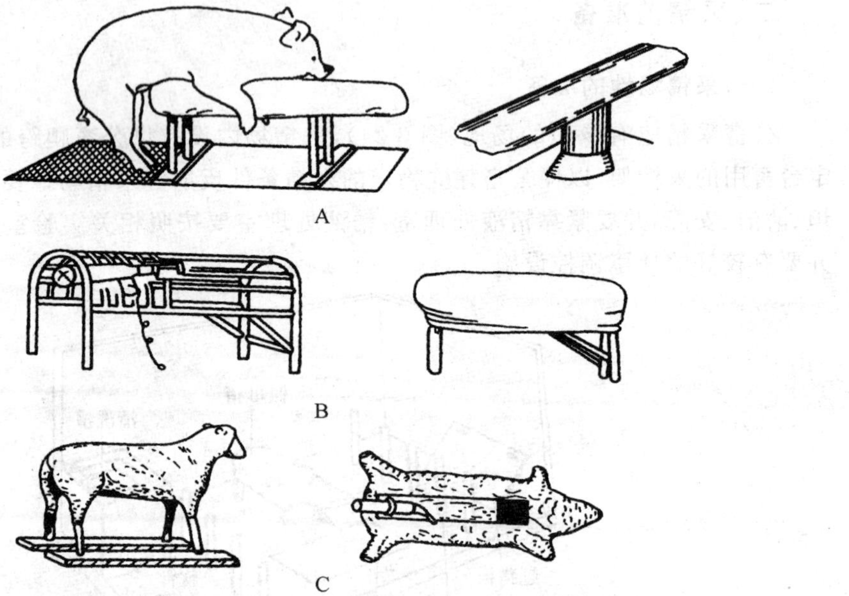

图 3-25 不同家畜的假台畜

A.猪用假台畜 B.牛用假台畜 C.羊用假台畜

台畜有两种:一是活台畜,即发情的母畜(图 3-26、图 3-27)。二是假台畜,即做一个大小与母畜体格相似的木架,上面覆盖一张畜皮,作为台畜。

图 3-26　活台羊

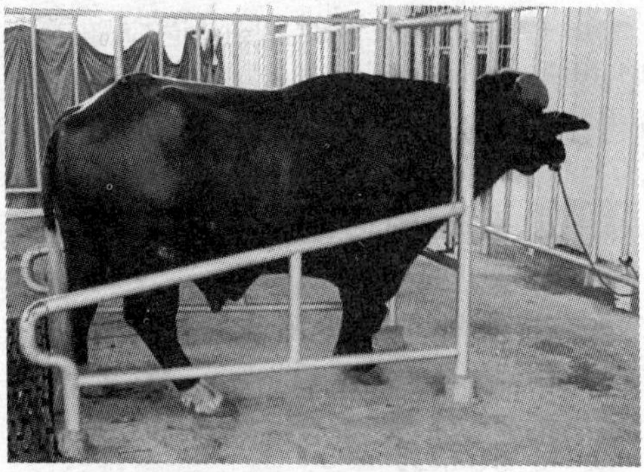

图 3-27　公牛真台畜

利用活台畜采精，其优点是调教公畜相对容易，但由于活台畜不停活动，采精的技术人员应随畜的活动而动，要求操作人员技术熟练，动作敏捷。活台畜的体格应与采精公畜的体格大小相适应，健康且发情明显，采精时，将其固定在采精架上。

利用假台畜采精，其优点是台畜固定不动，技术人员便于操作，缺点是调教公畜较难。常用于调教公畜的方法有三种：一是气味诱导法，就是把发情母畜的分泌物涂抹到假台畜上，诱导公畜爬跨假台畜；二是母畜刺激法，即采精时先牵一只发情母畜，让公畜爬跨发情母畜，但不能射精，经过刺激，激发公畜性欲，然后将母畜牵走，使公畜爬跨假台畜；三是观摩法，就是在采已调教好的公畜精液时，将被调教公畜牵来在一旁观看，刺激被调教公畜的性欲，然后再让被调教公畜爬跨假台畜。有时几种方法同时结合使用调教公畜。

三、公牛的假阴道法采精

(1)将种公牛牵到采精房内，让种公牛在采精室停留片刻，以使公牛进行射精前准备，这样有利于提高采到的精液品质。但要防止公牛在未采精时就已经射精。

(2)将种公牛牵到台牛旁，采精员手持假阴道面向台牛站于台牛的右后侧面。

(3)当公牛阴茎伸出，并有跃上母牛或台畜后的瞬间，采精员手持假阴道，迅速向前一步，将假阴道筒口向下倾斜与公牛阴茎伸出方向成一直线，紧靠在台畜臀部右侧。用左手在包皮开口的后方，掌心向上托住包皮(切不可用手抓握阴茎，否则会使阴茎缩回)。将阴茎拨向右侧导入假阴道内。当公牛用力向前一冲后，即表示射精完毕。公牛射精后，采精员同时使假阴道的集精杯一端略向下倾斜，以使精液流入集精杯中。

(4)当公牛跳下时，假阴道应随着阴茎后移，不要抽出。当阴茎由假阴道自行脱出后，立即将假阴道直立，筒口向上集精瓶向下，并立即送至精液处理室内，放气后，取下精液杯，盖上盖子。

四、公羊的假阴道法采精

（一）公羊的假阴道法采精准备

洗涤采精器械、安装假阴道、采精器械消毒、准备台羊。

（二）采精方法

采精前剪去公羊阴茎周围多余的长毛，用0.1%高锰酸钾溶液洗净其包皮，挤出包皮腔内积尿和其他残留物并擦干。把公羊牵引到采精现场后，不要立即让其爬跨台羊，应控制几分钟，使公羊的性兴奋不断加强，待阴茎充分勃起并伸出时，再让公羊爬跨台羊，这样可提高精液品质。

采精时，采精员用右手握住假阴道后端，固定好集精杯（瓶），并将气嘴活塞朝下，蹲在台羊的右后侧，让假阴道靠近母羊的臀部，当公羊跨上台羊背部而阴茎尚未触及台羊时，左手迅速将公羊的阴茎导入假阴道内，不能用手抓碰或摩擦阴茎，假阴道内的温度、压力、润滑度适宜，公羊后躯急速向前用力一冲，即已射精完毕。此时，顺公羊动作向后移下假阴道，并迅速将假阴道竖起，集精杯一端向下，然后打开活塞上的气嘴，放出空气，取下集精杯，加上瓶盖，送精液检查处理室待检。

（三）公羊采精时应注意的问题

(1)采精完毕后清理采精用具，倒出假阴道内的水，将假阴道、集精杯放在温水中用肥皂水充分洗涤，然后用温水冲洗干净、擦干、消毒、待用。

(2)采精的时间、地点和采精员应固定。这样有利于公羊养成良好的条件反射。应尽量固定采精员，以便掌握公羊的特点，使采精易于成功。

(3)保持采精现场安静，不要影响公羊性欲。

(4)采精时应确保操作人员、种公畜的安全。

(5)采集的精液不能受到任何污染。

五、公猪的手握法采精

(1)采精员一只手戴乳胶手套，一只手拿集精杯（冬天最好是保温杯），并在集精杯口扎上双层消毒纱布，以过滤精液，除去胶质。

(2)待公猪爬跨时，采精员蹲于采精台右侧，当公猪阴茎伸出时，用戴手套的手握住螺旋状阴茎头不让转动，同时手指继续有节奏的一松一紧地加压，即可引起公猪射精。

(3)公猪俯伏在采精台上不动，表示开始射精，立即用集精杯收集精液。公猪射精时手指停止加压，射精稍停时，手指继续加压，直至采完全部精液。

(4)弃去胶质部分，于室内进行精液品质检查，并进行稀释保存。

六、犬的手握按摩采精法

(1)用雌犬或雌犬阴道分泌物诱导成功后，采精员左手(戴胶皮手套)握住雄犬阴茎，将阴茎拉向侧面，同时给阴茎球体适当的压力并做前后按摩，当阴茎充分勃起后经 30 s 左右即开始射精，射精过程持续 3～5 s。

(2)采精时注意不使雄犬的阴茎接触器械，否则会抑制射精。雄犬射出的精液一般分为三段：第一部分为尿道小腺体分泌的稀薄水样液体，无精子；第二部分是来自睾丸的富含精子的部分，呈乳白色；最后一部分是前列腺分泌物，量最多，不含精子。采精时，三段精液很难截然分开，只有第一段较明显，呈水样，可弃掉不用，后两段可一起收集。收集时，集精杯上覆盖 2～3 层灭菌纱布进行过滤。

(3)采精操作前，必须熟悉雄犬的习性、雄犬的射精特点、采精的方法、操作要领和应注意事项。

任务 21　公畜精液保存与运输

【学习目标】

针对畜禽场、畜禽繁殖场、育种场及改良场等部门岗位技术任务要求，学会对精液的常温保存方法、精液低温保存方法、精液冷冻保存方法。掌握精液的运输方法。

【操作与实施】

一、精液的常温保存方法

常温保存是在室温条件(15～25℃)下进行，温度允许有一定变动，又称为变温保存或室温保存。常温保存特别适合猪的精液保存，具体保存方法使用恒温冰箱，将猪精液分装好，用纱布包好，放入温度调节为 17℃恒温的冰箱，为防止精子沉淀，每隔 2 h 应翻动精液一次(图 3-28)。

图 3-28 畜禽精液常温保存箱

二、精液低温保存方法

精液进行低温保存时，应采取逐步降温的方法，并使用含卵磷脂较高的的稀释液，以防冷休克(精液温度从体温状态急剧降至 10℃以下，精子会出现不可逆失去活力的变化)的发生。

保存精液时，首先把稀释后的精液按一个输精量进行分装，再包以数层纱布，最外层用塑料袋扎紧，防止水分渗入。把包装好的精液放到 1～5℃的低温环境中，经过 1～2 h 后，精液即降温至 1～5℃。在保存过程中，要尽量维持温度的恒定，防止升温。

三、精液冷冻保存方法

精液冷冻保存主要是利用液氮(－196℃)作冷源，将精液处理后置于液氮罐中超低温环境下(图 3-29)，达到长期保存的目的。畜禽精液冷冻保存技术的方法：

1. 采精及精液品质检查

采精时要严格按操作要求进行，尽量减少污染，尽量减少导致精子畸形的机会，争取采到量多优质的精液。精液采集后，应对原精液进行一般性状、精子活力、精子密度、精子畸形率等的检查，并根据检查结果确定精液的稀释倍数。一般要求冷冻保存的精子活力不得低于 0.7；猪、马、驴的精液应经过沉淀后，去掉部分上清液后进行保存。

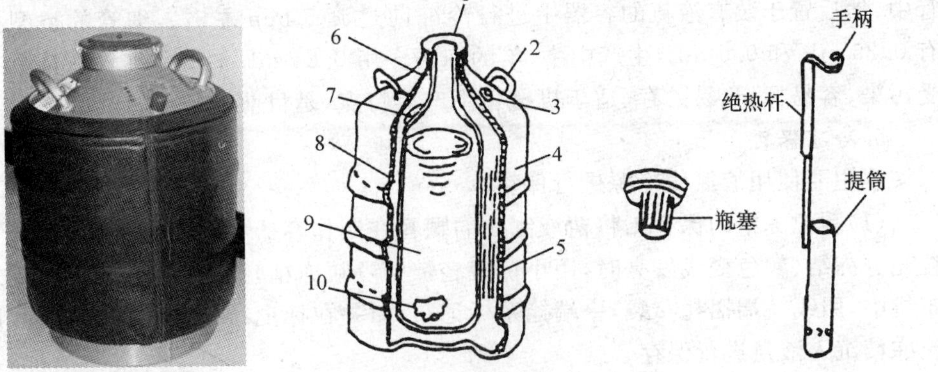

图 3-29　液氮罐结构

1. 保护圈　2. 把手　3. 真空嘴　4. 外壳　5. 真空隔热层　6. 颈管　7. 活性炭　8. 内壳　9. 液氮　10. 定位板

2. 稀释精液

根据冻精的种类、分装剂型和稀释倍数的不同，精液的稀释方法也不尽一致，现生产中多采用一次或两次稀释法。

(1)一次稀释法　将含有甘油、卵黄等的稀释液按一定比例加入精液中。这种稀释方法适合于低倍稀释。如猪、马精液的冷冻保存稀释。

(2)两次稀释法　为避免抗冷冻物质(如甘油)与精子接触时间过长而造成的危害，采用两次稀释法较为合理。第一次稀释用不含抗冷冻物质的稀释液(第一液)对精液进行最后稀释倍数的半倍稀释，然后把该精液连同第二液一起降温至1～50℃，1 h左右后，进行第二次稀释。第二次用含有抗冷冻物质的稀释液(第二液)在1～5℃下作第二次稀释，直到稀释到所设计的倍数。这种稀释方法适合于高倍稀释，如牛、羊的精液稀释。

3. 降温与平衡

精液从30℃降温至1～5℃，需经1～2 h的缓慢降温，以防冷休克的发生。平衡是降温后，把稀释后的精液放置在1～5℃的环境中停留2～4 h，使抗冷冻物质(如甘油)充分渗入精子内部，起到膜内保护剂的作用。

4. 精液的分装

现冷冻精液常采用颗粒、细管等分装方法。

(1)颗粒冻精　将稀释、平衡后的精液按0.1 mL/颗滴在经液氮制冷的金属网、铝板或塑料板上制成冷冻颗粒。颗粒冻精具有成本低、制作方便等优点，但不易标记，解冻麻烦，易受污染。

(2)细管冻精　把稀释、平衡后的精液经细管冻精制作器分装到特制的塑料细管中，然后置于装有液氮的容器中进行冷冻前过渡 5 min 左右。细管的类型主要有 0.25 mL 和 0.5 mL，生产中牛、羊的冻精多用 0.25 mL 剂型。细管冻精具有不受污染、容易标记、易贮存、适于机械化生产等特点，是目前最理想的剂型。

5. 冷冻保存

现主要使用液氮作冷源进行保存。

(1)颗粒冻精的保存　将精液制作的颗粒在制作容器中预冷几分钟，当精液颗粒充分冻结、颜色变浅发亮时，用小铲轻轻铲下颗粒冻精，按 50～100 粒/袋装入纱布袋中，用线一端捆扎布袋，一端拴系标记布片，并在标记布片上进行标记后，将颗粒冻精沉入液氮进行保存。

(2)细管冻精的保存　把进行冷冻过渡后的比较稳定的精液取出，按 50～200 支/袋用布袋装好后置于液氮中进行保存。这种方法启动温度低，冷冻效果好。

四、精液的运输

(一)精液的运输

精液的运输有远有近，要根据不同的距离，不同的运输量采用适量的运输工具与运输方法。一般远距离运输及运输量相对较大时，应用专用车辆、专用液氮罐进行运输，近距离运输则使用专用精液保存运输箱(图 3-30)进行运输。

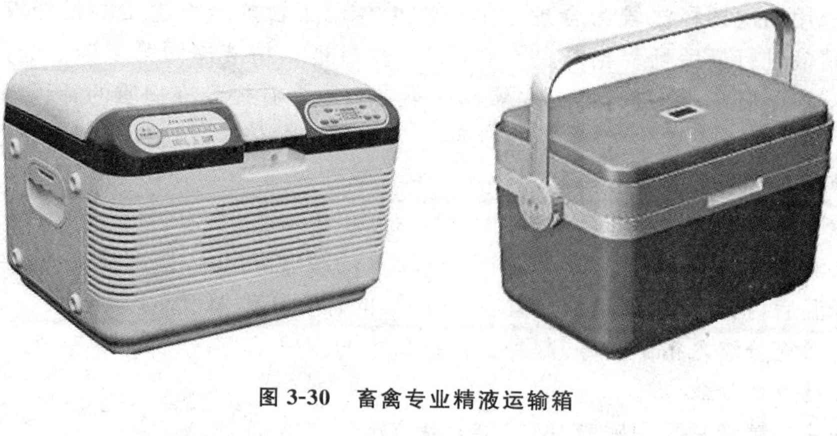

图 3-30　畜禽专业精液运输箱

运输时要注意以下几个问题：

(1)运输时应将装运冻精的容器拴系牢靠，四周最好用柔软材料铺塞。

(2)运输过程中要防止颠簸与振荡，要避免阳光照射或与热源接触，防止升温。

(3)要尽量缩短运输的时间。

(4)运输过程中要随时注意检查液氮情况及运输容器的安全状态。

(二)精液运输后注意问题

1.精液必须经过检验,并且为优秀基因随同精液要附说明书

包括公猪的详细系谱,品种、采精日期、剂量,每剂量含精子总数,原精活力、密度、稀释倍数,使用期限等。

2.包装良好

要求隔绝空气,保温隔热防震衬垫。冷冻精液要依据液氮容器大小,指明相隔数天、数周补充液氮。精液细管不得暴露于空气中。

3.接收

精液经过中转和长途运输后,接收入库查看包装是否完好,书面材料是否完整,才能签收。

4.品质检查

输精前要对同批精液取样检查。液态保存的精液,在37℃显微镜镜下观察活率必须在0.6以上,若活率低于0.6,可在玻片抹上一层薄的1%咖啡因,观察活动精子是否达到0.6以上,若仍低于0.6,应考虑是否废弃。冷冻精液在解冻后活力应在0.4~0.5,方可用于输精,否则受胎率下降。

项目七　公畜精液实验室品质检验

任务 22　家畜精液的感官检查

【学习目标】

针对畜禽场、畜禽繁殖场、育种场及改良场及检验室等部门岗位技术任务要求，学会对采精量的测定、精液外观检验、精液气味检验、精液云雾状观察及 pH 的测定。

【操作与实施】

一、采精量的测定

采精后将集精瓶中的精液在等温的环境下，盛装在有刻度的试管或精液瓶中，可量测出公畜的采精量。猪和马(驴)精液应用 4～6 层消毒纱布过滤或离心处理，除去胶状物质，然后按照上述方法测出采精量。各种家畜的射精量见表 3-1。

表 3-1　各种家畜的射精量　　mL

畜别	一般射精量	范围
黄牛	5～10	0.5～14
羊	0.8～1.2	0.5～2.5
猪	150～300	100～500
马	40～70	30～300
驴	50～80	20～200
水牛	3～6	0.5～12

二、精液外观检验

畜禽的精液一般为不透明的乳白色。有时出现淡黄色与公畜饲料中β-胡萝卜素含量较高有关。牛、羊精液在刚采出时可见云雾翻腾状，猪、兔和马的精液中含有胶状物，它们是精囊腺的分泌物，在自然交配时，形成子宫栓，防止精液倒流和抑制细菌生长的作用。

三、精液气味检验

正常精液无臭味，略带有腥味。检查时用手轻轻煽动精液容器上方的空气，同时用鼻子嗅出精液的气味。

四、精液云雾状观察

牛、羊的精液密度大，放在玻璃容器中观察，精液呈上下翻滚状态，像云雾一样，称为云雾状。这是精子运动活跃的表现。云雾状明显可用“＋ ＋ ＋”表示；较明显用“＋ ＋”表示；不明显用“＋”表示。

五、pH 的测定

将 pH 试纸浸在精液中片刻，然后取出与标准色谱进行对照，确定精液的 pH。

任务 23　精液的显微检查

【学习目标】

针对畜禽场、畜禽繁殖场、育种场及改良场及检验室等部门岗位技术任务要求，学会评定精子活率、评定精子密度，掌握精子的畸形率检查、精子的存活时间及存活指数检查。

【操作与实施】

一、评定精子活率

(1)采精后立刻在 25℃左右的实验室内进行评定精子的活率，最好在 37℃保温箱内或加热的载物台上进行。

(2)用玻璃棒蘸取一滴原精液或经稀释的精液(马、猪精液的精子密度低，不须稀释;而牛、羊精液的密度大，需用0.9%氯化钠溶液稀释，其温度须与精液温度相近)滴在洁净的载玻片上，盖上洁净的盖玻片，其间充满精液，不存留气泡。

(3)置于显微镜下，放大250～400倍检查。注意显微镜的载物台须放平，最好是在暗视野中观察。

(4)精子活动有三种类型:直线前进运动、旋转运动和原地摆动。评价精子活率是根据直线前进运动精子数的多少而定。

(5)精子活率等级评定方法

①十级制　在显微镜视野中估算直线前进运动精子所占全部精子的百分数。直线前进运动的精子为100%者评为1.0级，90%者为0.9级，依此类推。

②五级制　全部精子都呈直线前进运动，属于“5”级;绝大多数呈直线前进运动(约80%)为“4”级;前进运动精子略多于半数者(约60%)为“3”级;不及半数者为“2”级;呈直线前进运动的精子数目极少者属“1”级。

(6)输精标准　精子活率是精液品质评定的重要指标。受精能力与直线前进运动精子数的多少密切相关。新鲜精液的活率大于0.7、冷冻精液解冻后的活率大于0.3时，方可用于人工输精。

二、精子密度评定

精子密度为单位体积(mL)精液内所含有精子的数目。目前测定精子密度的主要方法有估测法、血细胞计数法、光电比色法等。

(一)估测法

生产中常用的方法，一般结合精子活力检查来进行。根据显微镜下精子的密集程度，把精子的密度大致分为稠密、中等、稀薄3个等级。这种方法能大致估计精子的密度，但主观性强，误差偏大。

精液不作稀释。取一小滴原精液在清洁载玻片上，加上盖玻片，使精液分散成均匀一薄层，无气泡存留，精液也不外流或不溢于盖玻片上，置于400～600倍显微镜下观察。根据精子密度的大小粗略分为密、中、稀3个等级(图3-31)。

(1)“密”指整个视野内充满精子，几乎看不到精子间的空隙和单个精子的运动。

(2)“中”指视野内精子之间相当于一个精子长度的明显空隙，可见到单个精子的活动。

(3)“稀”指视野内精子之间的空隙很大，能容纳2个或2个以上精子。

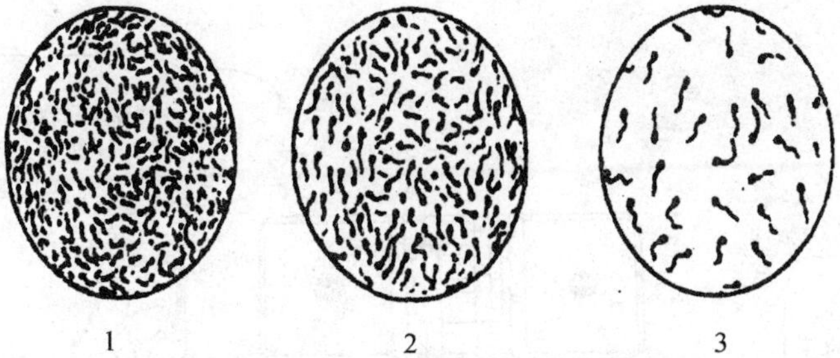

图 3-31　用估测法评定精子的密度

1.密　2.中　3.稀

这种评定方法带有一定的主观性，误差较大。另外，由于各种畜禽精子密度相异较大，很难统一制定一个标准。此法只在基层人工授精站常用。

(二)精子密度计数法

可以准确地测定每单位容积精液中的精子数，一般采用血细胞计数板进行。对牛、羊等精子密度高的精液使用红细胞吸管作稀释管，而马、猪等精子密度低的精液则使用白细胞吸管作稀释管。

(1)将计数室推上盖玻片。低倍镜下观察盖好盖玻片的计数板，找到清晰的计数室(图 3-32、图 3-33)。

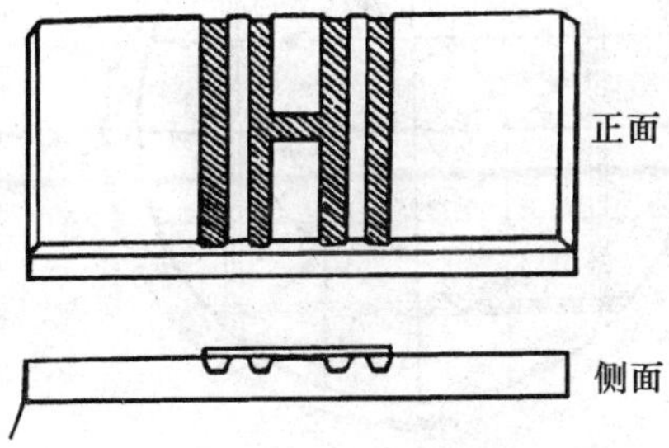

图 3-32　血细胞计数板

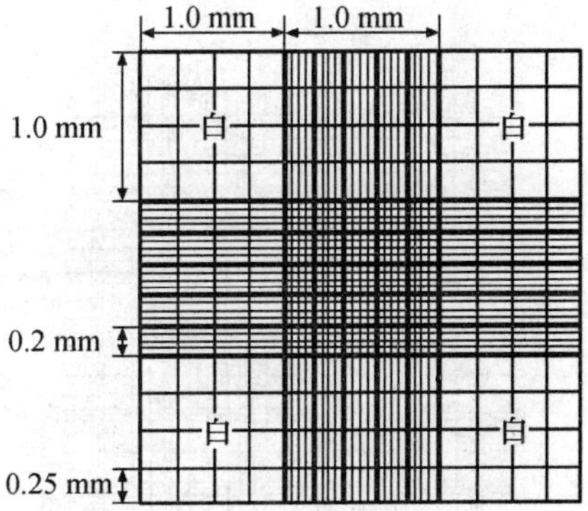

图 3-33　改良牛氏血细胞计数室

(2)精液经 3% NaCl 稀释后，用球吸管(或移液器)将精液混匀。

(3)将吸管(或移液器)尖端置于计数室与盖玻片交接边缘，使其中的精液自动引入并充满计数室。静置 2 min 开始计数(图 3-34)。

(4)精子计数。

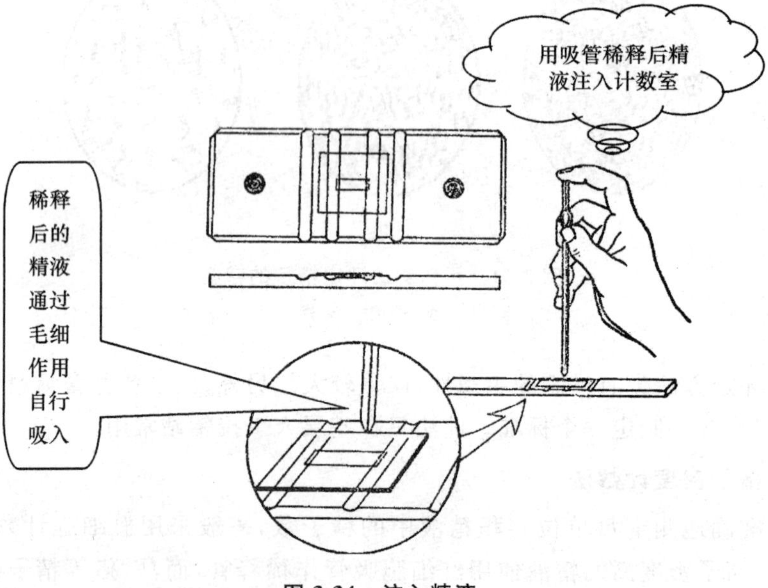

图 3-34　注入精液

(5)精子计数室(图 3-35)。

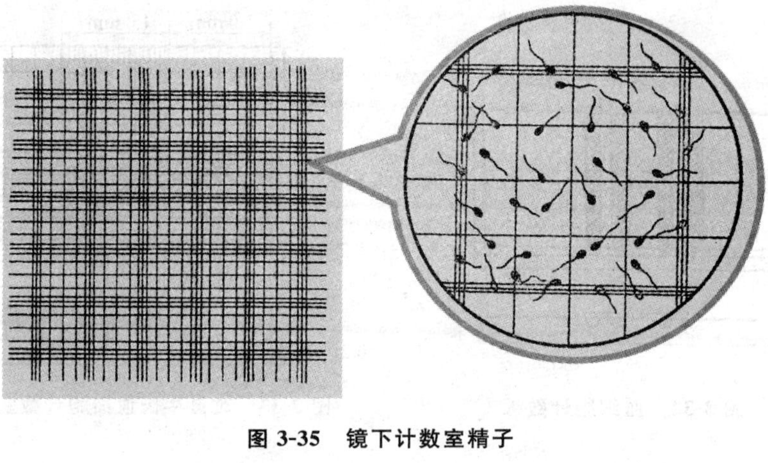

图 3-35　镜下计数室精子

(6)精子计数方法　按图示计数，以精子的头部为准，依数上不数下、数左不数右的原则进行计数格线上的精子(图 3-36)。

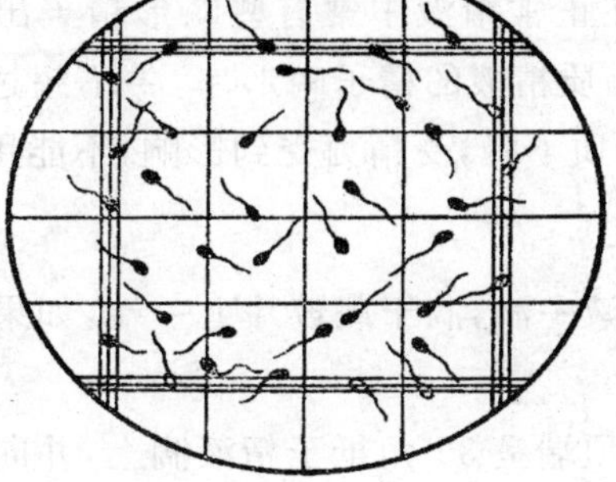

图 3-36　精子计数方法

(7)精子数量计算

1 mL 原精液内的精子数＝5 个中方格的精子数×5×10×1 000×稀释倍数

注：如为原精液，则不乘稀释倍数。

(三)精子密度仪法

此法能快速、准确地对精液进行检查，且操作简便易学，但要求购置精子密度仪(图 3-37)，操作时打开开关，将黑色拉口拉出，当屏幕上出现“READY”字样时，便可检测；首先放入标准卡进行矫正数值，然后将一小滴精液准确地放在检测片的凹槽内，最后将检测片放入黑色拉口中，推入即可；此时屏幕上出现“MEASURING”字样，稍等片刻；读取结果。

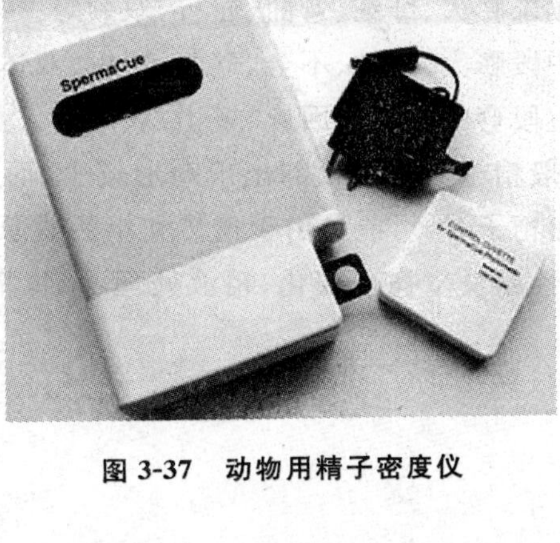

图 3-37　动物用精子密度仪

三、精子的畸形率检查

形态和结构不正常的精子，称为畸形精子。精子畸形率是精液中畸形精子数占精子总数的百分率。在正常精液中常有些畸形精子出现，一般不超过20％，对受精力影响不大。优良品质精液的精子畸形率，牛不超过18％。如果畸形精子率超过20％，则表明精液品质下降，受精力受到影响，不能用作输精。

（一）精子畸形率测定

（1）以细玻璃棒蘸精液一滴，滴于载玻片上一端，如果是牛羊精液应再加1～2滴0.9％氯化钠溶液。

（2）以另一载玻片的顶端呈35°角抵于精液滴上，并向另一端推去，将精液均匀涂抹于载玻片上。

（3）将抹片放于空气中干燥。

（4）用下列方法中的任一方法固定染色。

①置95％酒精（或5％福尔马林溶液）中固定5～6 min，取出以水冲洗后，晾干或烘干，用蓝、红墨水等染色3～5 min，再用水冲洗，干燥后置于显微镜下检查。

②用0.5％龙胆紫酒精染色3 min，水洗，待干后即可镜检（也可用由普通红蓝墨水代替）。

（5）镜检。将制好的抹片置于显微镜下，查数不同视野的500个精子，计算出其中所含畸形精子数，求出畸形百分率。

（二）精子畸形分为类

（1）头部畸形，如头部巨大、瘦小、细长、圆形、皱缩、缺损、双头等。

（2）颈部畸形，如颈部膨大、纤细、弯曲、屈折、双颈等。

（3）中段畸形，如中段膨大、纤细、不全、弯曲、屈折、双体等。

（4）主段畸形，如主段弯曲、屈折、回旋、短小、双尾等。

在正常精液内，一般精子头部和颈部出现畸形较少，而其尾部畸形最为多见。当精液中出现大量畸形精子时，可能是由于遗传和年龄的原因；精子的生成过程受到破坏；输精管道和副性腺发生病理变化；精液处理不当，精子遭受外界不良的刺激等（图3-38）。

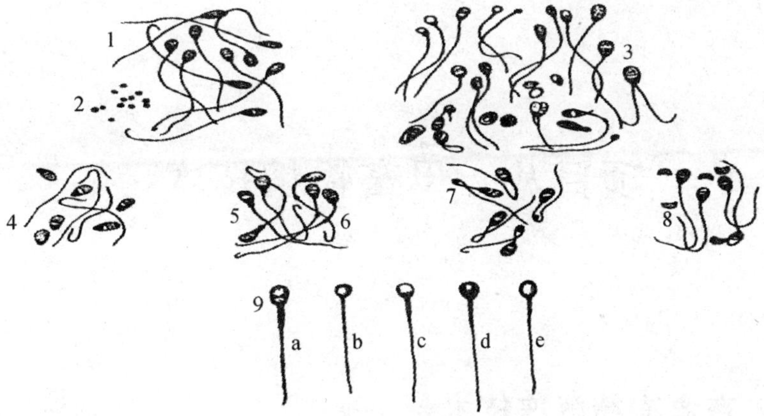

图 3-38　畸形精子类型图

1.正常精子　2.脱落的原生质滴　3.各类畸形精子　4.头尾分离　5、6.带原生质滴精子　7.尾弯曲精子　8.脱落顶体　9.各种家畜的正常精子

a.猪的精子　b.绵羊的精子　c.水牛的精子　d.牛的精子　e.马的精子

四、精子的存活时间及存活指数检查

精子的存活时间和存活指数与受精力密切相关，也是鉴定精液处理效果好坏的一种方法。存活时间是指精子在体外的总生存时间，而存活指数是指平均存活时间，表示精子的活率下降速度。检查时，将稀释液置于一定的温度下（0℃或37℃），间隔一定时间检查活率，直至无活动精子为止，所需的总时间数为存活时间；而相邻两次检查的平均活率与间隔时间的乘积相加总和即为生存指数。精子存活时间越长，生存指数越大，说明精子生活力越强，品质越好。外界因素对精子活力的影响见表 3-2。

表 3-2　外界因素对精子活力的影响

处理前	活率评分	处理后	活率评分
37～38℃		40～45℃	
降温前		降温后	
		加入 1% NaCl 溶液后	
加入溶液前		加入 3% NaCl 溶液后	
		加入蒸馏水后	
振荡前		经剧烈振动	
阳光照射前		阳光照射后	
		加 2%煤酚皂液	
加入药液前		加入 1/1 000 新洁尔灭溶液	
		加入 75%酒精后	

项目八　母畜输精技术

任务 24　畜禽冻精解冻技术

【学习目标】

针对畜禽场、畜禽繁殖场、育种场及改良场及检验室等部门岗位技术任务要求，学会细管冻精的解冻方法、颗粒冻精解冻方法。

【操作与实施】

使用冻精进行输精前，必须对冻精进行解冻，且要检查其精子的活力情况，只有活力不低于 0.3 时，方可用于配种。

一、细管冻精的解冻

细管冻精的解冻有温水（30～40℃）解冻和室温解冻法。温水解冻时，将细管冻精投放在 30～40℃温水中，待冻精一半融化，细管颜色开始发生变化即可取出备用。室温解冻则取适量蒸馏水置于操作室内数分钟后，将细管冻精投放在其中，待冻精一半融化，细管颜色开始发生变化即可取出备用。

二、颗粒冻精解冻

解冻时需预先准备解冻液，牛的解冻液常用 2.9％的柠檬酸钠液。解冻方法有湿解法与干解法两种方法。

（一）湿解法

解冻时取一小试管，加入 1 mL 解冻液，放在盛有 37～40℃温水的烧杯中（或水浴锅中），当与水温相同时，取一粒冻精于小试管内，轻轻摇晃使冻精融化，当即将溶化完时，取出装枪待用。

（二）干解法

解冻时取一小试管，放在盛有 37～40℃温水的烧杯中（或水浴锅中），当与水温相同时，取一粒冻精于小试管内，当冻精融化即将完全时，加入 1 mL 解冻液，待冻精完全溶化后，取出装枪待用（图 3-39）。

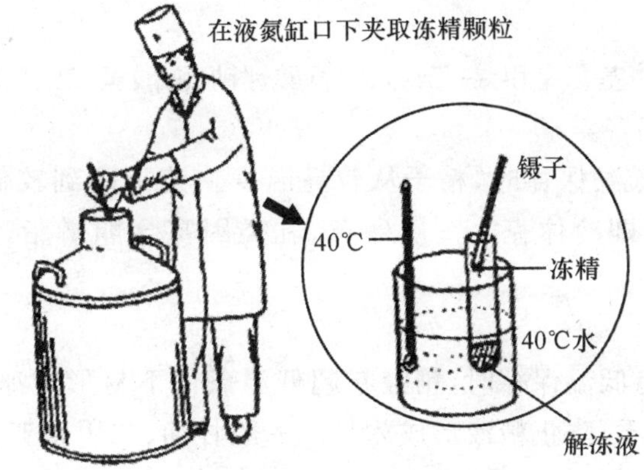

图 3-39 颗粒冻精解冻——干解法

任务 25 公畜精液的稀释技术

【学习目标】

针对畜禽场、畜禽繁殖场、育种场及改良场及检验室等部门岗位技术任务要求，学会识别公畜精液稀释液原料，掌握猪 、牛等公畜精液稀释液的配制方法。

【操作与实施】

一、公畜精液稀释液原料

（一）稀释剂

一般用经过两次蒸馏的蒸馏水或等渗氯化钠溶液。

（二）营养剂

可提供精子存活所需要的能量及营养物质。

1. 糖类

如葡萄糖、果糖、半乳糖等。

2. 乳类

如乳粉、鲜奶等。

(三)保护剂

1. 可降低精液中电解质浓度的物质

糖类、酒石酸盐、磷酸盐等均有此作用。

2. 缓冲物质

柠檬酸钠、三羟甲基氨基甲烷(Tris)、酒石酸钾钠、磷酸氢二钠均能起到缓冲作用。

3. 防冷休克物质

当将精液进行低温保存时，精子从较高温度快速下降到较低温度时，会导致精子死亡，这种现象即冷休克。一般卵黄、乳类因富含卵磷脂，具有防冷休克的作用。

4. 抗冻物质

当精液要进行超低温保存时，精液在超低温条件下易形成冰晶，使精子死亡，为此，要加入抗冻物质，防止精液形成冰晶。一般甘油、二甲基亚砜(DMSO)、三羟基氨基甲烷等均有此作用。

5. 抑菌物质

因精液内或多或少均有少量微生物存在，如不进行处理，会快速生长繁殖而伤害精子，故应加入一定的抑菌物质。一般用适量的抗生素即可，最常用的是青霉素、链霉素。

6. 维生素

具有关报道，在稀释液中适当加入相关的维生素，如维生素 B_{12}，有利于精子的存活。

二、公畜精液稀释液的配制

(一)各种家畜的稀释液参考配方

1. 公羊精液稀释液

(1)生理盐水稀释液

NaCl	0.85 g
蒸馏水	100 mL
青霉素	1 000 IU/mL
链霉素	1 000 μg/mL

用此稀释液稀释后的精液可进行常温保存。

(2)奶粉卵黄稀释液

奶粉	10 g
卵黄	10 mL
青霉素	1 000 IU/mL
链霉素	1 000 μg/mL
蒸馏水	100 mL

用此稀释液稀释后的精液可进行低温保存。

2. 猪精液稀释液

(1)葡萄糖-卵黄稀释液

葡萄糖	5 g
卵黄	10 mL
青霉素	1 000 IU/mL
链霉素	1 000 μg/mL
蒸馏水	100 mL

用此稀释液稀释后的精液可进行低温保存。

(2)葡萄糖-柠檬酸钠-卵黄稀释液

葡萄糖	5 g
二水柠檬酸钠	0.3 g
乙二胺四乙酸	0.1 g
卵黄	8 mL
蒸馏水	100 mL
青霉素	1 000 IU/mL
链霉素	1 000 μg/mL

用此稀释液稀释后的精液可进行低温保存。

(二)配制方法

1. 玻璃用品的清洗与消毒

将所有玻璃用品用洗涤剂洗净，用稀盐酸浸泡并用自来水冲洗干净后，用蒸馏水冲洗 4 遍，空干水分，用锡纸将瓶口包好，放入 120℃干燥箱中干燥 1 h，放凉备用。

2. 天平的校准

用两张圆形硫酸纸放在天平的左右托盘上，校准天平。

3. 称量药品

按配方需要的量准确称取药品，并放入大烧杯中。

4.溶液配制

(1)用量筒量取双蒸水 100 mL,加入烧杯中,用磁力搅拌器或玻璃棒搅拌使其溶解。

(2)用一层定性滤纸过滤溶液至三角瓶中。

(3)在三角瓶上加牛皮纸盖并橡皮筋固定,放在盖有石棉网的电炉上加热至沸腾,迅速将其取下,放凉,制成基础液。基础液如果不马上使用可放在 2～5℃冰箱中备用,保存时间不宜超过 12 h。

(4)新鲜鸡蛋用 75%的酒精棉球消毒外壳,待其完全挥发后,将鸡蛋磕开,分离蛋清、蛋黄和系带,将蛋黄盛于鸡蛋壳小头的半个蛋壳内,并小心地将蛋黄倒在用 4 层对折(8 层)的消毒纸巾上。小心地使蛋黄在纸巾上滚动,使其表面的稀蛋清被纸巾吸附。先用针头小心将卵黄膜挑一个小口,再用去掉针头的 10 mL 的一次性注射器,从小口慢慢吸取卵黄,尽量避免将气泡吸入,同时应避免吸入卵黄膜。吸取 10 mL 后,再用同样的方法吸取另一个鸡蛋的卵黄。也可将卵黄移至纸巾的边缘,用针头挑一个小口,将卵黄液缓缓倒入量筒中,注意避免将卵黄膜倒入量筒中。

(5)卵黄液与基础液的混合　取 80 mL 放凉的基础液,加入三角瓶中,然后将卵黄液注入或将卵黄液从量筒中倒入三角瓶中,将量取的 80 mL 基础液反复冲洗量筒中的卵黄,使其全部溶解入基础液中,然后将全部的基础液倒入三角瓶中摇匀。

(6)加入抗生素　分别用 1 mL 注射器吸取基础液 1 mL,分别注入 80 万 IU 和 100 万 IU 的青霉素和链霉素瓶中,使其彻底溶解。分别从青霉素瓶中吸取 0.1～0.12 mL和链霉素瓶中吸取 0.1 mL,将其注入三角瓶中并摇匀。还可称取 0.1 g 的青霉素和 0.1 g 的链霉素加入三角瓶中摇匀。用基础液、卵黄液和抗生素混合制成第一液。

(7)第二液的制作　用量筒量取第一液 47 mL,加入另一只三角瓶中,用注射器吸取 3 mL 消毒甘油,注入三角瓶中摇匀,制成羊冷冻精液的第二液。羊精液稀释液推荐配方、牛精液细管冷冻精液稀释液推荐配方见表 3-3、表 3-4。

表 3-3　羊精液稀释液推荐配方

稀释液	配方	低温(2～5℃)保存液	冷冻保存液
基础液	葡萄糖(一水)	3.3 g	8.8 g
	柠檬酸钠(二水)	1.4 g	
	双蒸馏水	100 mL	100 mL
低温保存或第一液	基础液	80 mL	80 mL
	卵黄	20 mL	20 mL
第二液	第一液		47 mL
	甘油		3 mL

表 3-4　牛精液细管冷冻精液稀释液推荐配方

配方	体积
11%乳糖或12%蔗糖	73 mL
卵黄	20 mL
甘油	7 mL
青霉素	10万 IU
链霉素	10万 IU

(三)配制要求

(1)药品的称取与溶解　一般用天平准确称量后，放入烧杯中，加入蒸馏水溶解后，用三角漏斗将滤液过滤至三角烧瓶中。

(2)消毒　将过滤液放入水浴锅内水浴消毒10～20 min。

(3)乳及乳制品的处理　奶粉在溶解时先加等量蒸馏水，调成糊状，再加至定量的蒸馏水，用脱脂棉过滤。

(4)卵黄的提取　卵黄要用新鲜鸡蛋提取，提取时，先将鸡蛋洗净，用75%酒精消毒后，用镊子在气室端打一小孔，把蛋清倒净，然后把蛋壳剥开，倒出蛋黄，用注射器小心抽取，在稀释液消毒后冷却到40℃以下时加入。

(5)抗生素的使用　抗生素用一定量的蒸馏水(计入稀释液总量)溶解，在稀释液冷却到37℃后加入。

(6)蒸馏水　采用双蒸水，最好自行制取。

(7)配制器具　必须进行严格的清洗与消毒。

目前，市场上有专用的稀释粉，按说明书就可以配制出优质的稀释液(图3-40)。

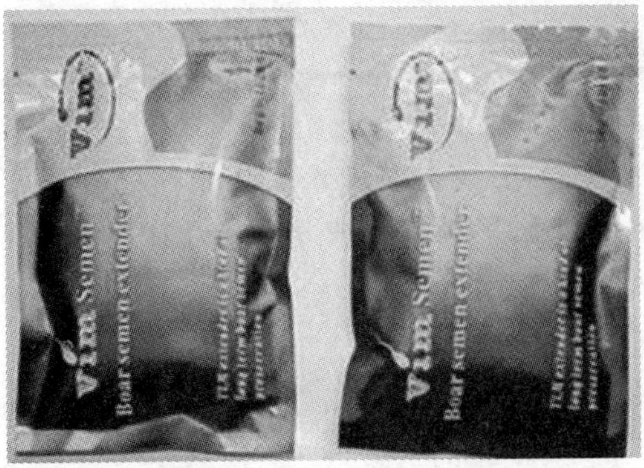

图 3-40　猪用精液稀释粉

(四)精液的稀释和稀释倍数

稀释之前需确定稀释的倍数。稀释倍数根据精液内精子的密度和稀释后每毫升精液应含的精子数来确定。猪精液经稀释后,要求每毫升含1亿个精子。如果密度没有测定,稀释倍数国内地方品种一般为0.5～1倍,引入品种为2～4倍。精液稀释应在精液采出后尽快进行,而且精液与稀释液的温度必须调整到一致,一般是将精液与稀释液置于同一温度(30℃)中进行稀释。

(五)配制稀释液与稀释精液注意事项

(1)稀释剂必须纯净,剂量准确　一般稀释剂至少要用蒸馏水,量取时用量杯按要求量取。

(2)药品必须新鲜、无菌、无杂质、称量准确　一般配制稀释液的药品应是分析纯,用托盘天平称取。

(3)器具必须严格清洗、消毒　不同的器具应用相应的消毒方法进行科学消毒。

(4)尽量进行无菌操作,以减少污染。

(5)稀释液最好现配现用,至少要在规定的期限内使用。

(6)稀释环境要求无直射光照、温度18～25℃为宜。

(7)稀释精液时,应将稀释液沿杯壁缓慢倒入精液瓶,不可反向操作。

(8)稀释倍数应根据原精子的活力、密度而定。

(9)在使用某稀释液配方时,应先进行试用,不可直接推广,待试用效果较好时,再进行广泛推广。

任务26　母畜发情鉴定技术

【学习目标】

针对畜禽场、畜禽繁殖场、育种场及改良场等部门岗位技术任务要求,学会外部观察法、试情法、阴道检查法、直肠检查法判定母畜发情。

【操作与实施】

一、外部观察母畜发情法

1.外阴部变化

阴户逐渐肿胀而显得饱满,阴唇黏膜充血、潮红而有光泽,阴门有黏液流出,其黏液从少变多，从稀变稠，由透明变成浑浊，最后成乳白色样。

2. 精神变化

发情母畜对公畜较敏感，燥动不安，食欲下降，不断鸣叫。

3. 性欲表现

发情母畜接受他畜爬跨或爬跨他畜。根据统计，大部分发情母畜在适宜配种时，接受其他家畜的爬跨，也有少部分母畜会爬其他家畜。

二、母畜发情试情法

1. 牛

最明显的行为是接受爬跨、外阴红肿、阴道排出黏液（图 3-41）。有的牛在发情时，黏液内有少量鲜红的血液，属于正常；水牛的外部症状没有黄牛明显。

接受爬跨

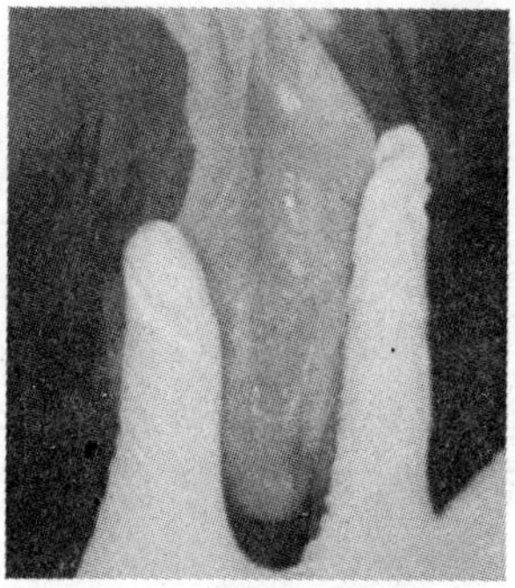

外阴红肿

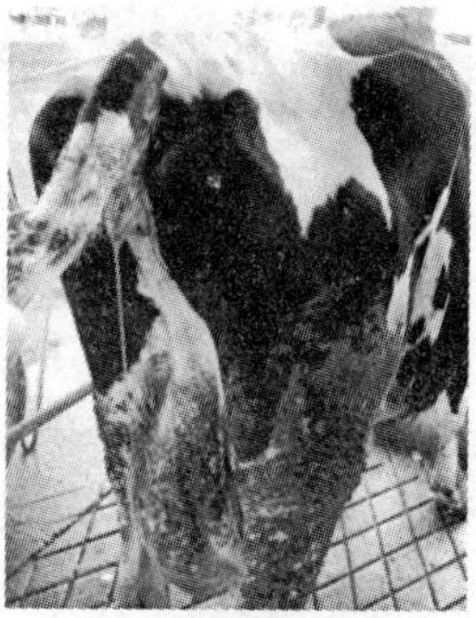

阴道排出黏液

图 3-41　发情母牛的表现

2. 猪

有静立反射，即遇公猪时或按其背部、拍其屁股时，母猪会站立不动，尾上翘，后肢张开，呈现接受爬跨的姿势；引进猪种及引进猪的杂交猪的外部症状没有本地猪种表现明显（图 3-42）。

3. 马、驴

精神变化明显，有“伸头背耳叭嗒嘴，撇腿抬尾流涎水”的特征。

4. 兔

发情时在笼内窜动不安，后肢不断叩击兔笼，接近公兔时呈接受交配的姿势。

用经过特殊处理后的公畜放入畜群或接近母畜，观察母畜对公畜的反应，以判断母畜是否发情及发情的程度。用于接近母畜以判断母畜的发情情况的公畜称试

接受爬跨

静立反射

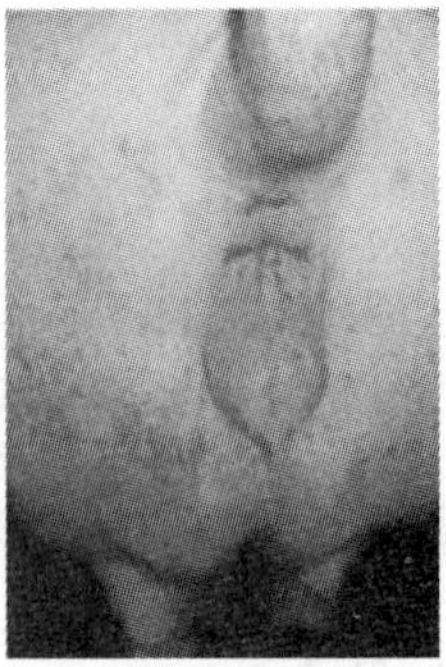
外阴红肿

图 3-42 发情母猪的猪表现

情公畜。试情公畜要求健康、性欲旺盛、无恶癖。此法适用于所有的家畜，尤其羊使用较多(图 3-43)。

三、阴道检查法

用开膣器或阴道扩张筒把阴道打开后，借助光源找到子宫颈口，观察子宫颈口的开张情况、阴道黏膜的颜色及黏液分泌情况，据此进行鉴定。发情母畜的阴道黏膜充血，分泌量增多，子宫颈口周围充血，子宫颈口开张，并有黏液流出。此法适用于牛、马等大家畜及羊等易于保定的家畜(图 3-44、图 3-45)。

图 3-43 羊试情法

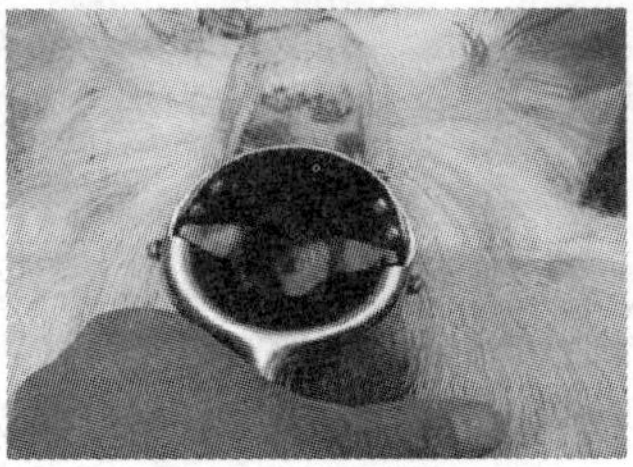
图 3-44 羊的阴道检查

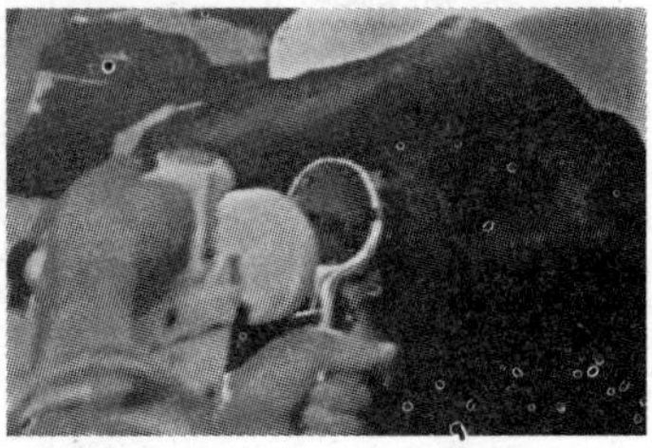
图 3-45 牛的阴道检查法

四、直肠检查法

将手插入直肠，隔着直肠壁触摸卵巢和卵泡，以判断卵泡的发育情况，从而确定配种时间。此法适用于大家畜，是发情鉴定较可靠的方法(图 3-46)。

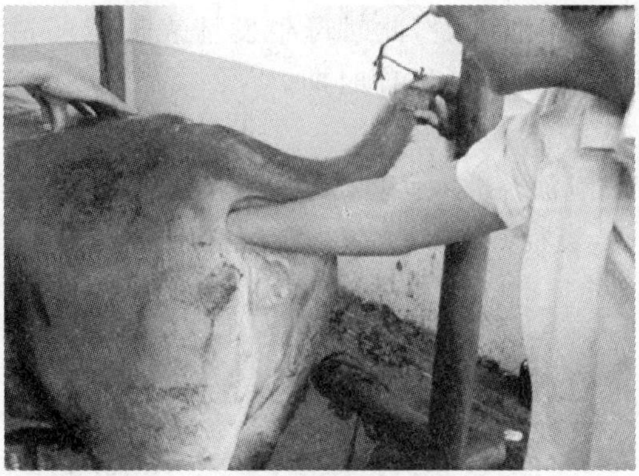

图 3-46　直肠检查法

母牛的卵泡发育过程可分为四个时期，即出现期、发育期、成熟期和排卵期，各期卵巢变化见图 3-47。

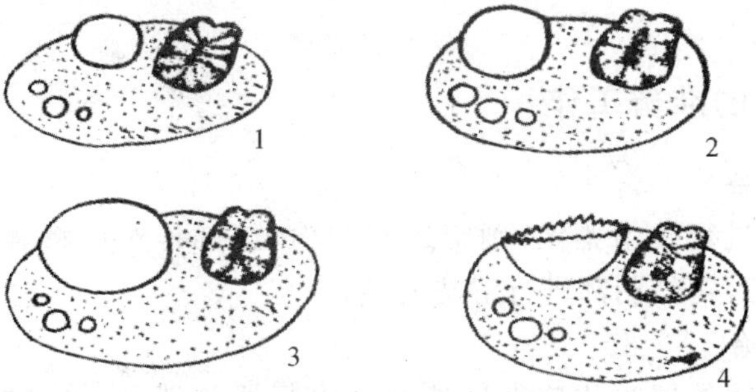

图 3-47　牛卵泡的发育分期

1. 出现期　2. 发育期　3. 成熟期　4. 排卵期

1. 卵泡出现期

卵巢开始增大，卵泡在卵巢的局部发育并突出，直径 0.5～0.75 cm，触诊时为一硬状隆起。此时母牛开始有发情表现，但不接受爬跨。这一阶段一般持续 6～12 h。

2. 卵泡发育期

继续增大到 1.0～1.5 cm，呈圆形，明显突出于卵巢表面。卵泡壁紧张而有弹性，有一定的波动感。此时母牛发情表现明显，接受爬跨，可维持 10～12 h。

3. 卵泡成熟期

卵泡不再增大，泡壁变薄，紧张度增强，随后变软，有一触即破之感，触摸时用力不均或过猛极易造成卵泡破裂，此时母牛发情表现减弱，拒绝爬跨，转入平静。一般维持6～12 h，是输精配种的最佳时期。

4. 排卵期

卵泡破裂排卵，卵泡液流失，泡壁松软、凹陷，触摸时有两层皮之感。排卵后6～8 h，黄体开始形成，直径0.6 cm左右，有肉样感觉。

任务27　母畜人工输精技术

【学习目标】

针对畜禽场、畜禽繁殖场、育种场及改良场等部门岗位技术任务要求，学会给母畜输精前的准备工作，掌握对各种母畜输精技术。

【操作与实施】

一、输精前的准备工作

1. 母畜的准备

对拟配母畜进行发情鉴定，确定适宜的输精时间，然后将其牵入保定栏内保定，尾巴拉向一侧，对外阴部进行清洗消毒。

2. 器械的准备

凡是输精所用的器械均应彻底洗净后进行严格消毒，输精枪（细管输精器除外）或输精管在用于输配之前要用稀释液冲洗1～2次后才能使用（图3-48）。

图3-48　牛输精枪

3. 精液的准备

(1)常温保存的精液需轻轻振荡后升温至35℃左右,镜检精子活力不低于0.6时可用于输精。

(2)低温保存的精液要从低温状态升温至35℃左右,检查活力在0.5以上时可用于输精。

(3)冷冻精液要按解冻方法解冻后,检查活力不低于0.3时可用于输精。

4. 人员的准备

输精人员应穿好工作服,剪短、磨光指甲,将手臂进行清洗、消毒,需将手伸入直肠时,手臂还应涂上润滑剂或套上一次性长臂手套。

二、家畜输精方法

(一)母牛的直肠把握输精法

(1)将母牛尾部拉向一侧,用高锰酸钾擦拭外阴,并擦干。

(2)将冷冻精液解冻,剪去封口端,剪口端向前放外套管中,输精器通针向后拉出约15 cm,将外套管套在输精器上装好。

(3)左手戴上长臂手套涂少量石蜡油伸入直肠,排出宿粪(图3-49)。并且再次消毒母牛外阴部。左手伸至直肠狭窄部后,将直肠向后移,向骨盆腔底下压,找到子宫颈(棒状,质地较硬有肉质感,长10～20 cm)。手移至子宫颈后端(子宫颈阴道部),使子宫颈呈水平方向,并用力将子宫颈向前推,使阴道壁拉直,方便输精器向前推进到子宫颈外口附近。分开母牛外阴,将输精枪向前上方插入阴道10 cm左右。左右手配合,使输精枪前端对准子宫颈外口,上下调整,使输精器前端进入子宫体内。待确认输精器到达子宫体时(短距离前后移动时,没有明显阻力)将精液缓慢注入,再慢慢抽出输精器(图3-50)。

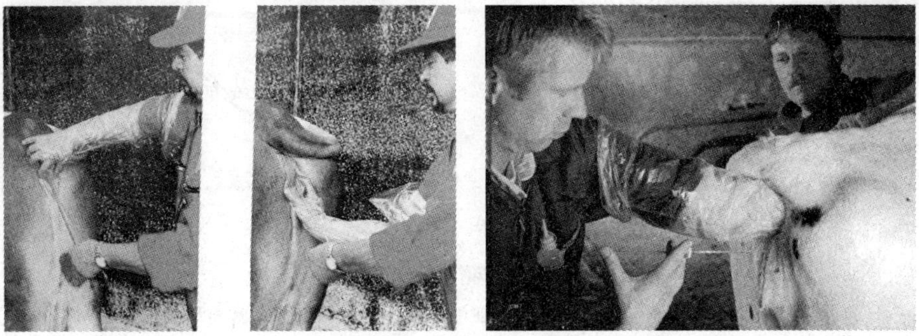

图3-49　牛的人工输精

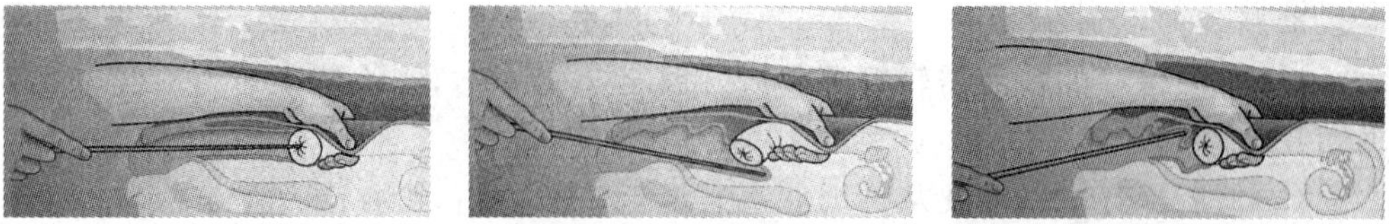

图 3-50 牛的直肠把握输精法

A. 正确的术式 B、C. 不正确的术式

牛的直肠把握输精法应注意：输精器插入阴道时，应向前上方。当遇到阻力时，切忌用蛮力。输精器插入子宫颈管时，推进力量要适当，以免损伤子宫颈、子宫体黏膜。整个过程要做到“适深、慢插、轻注、缓出、防止逆流”。

(二)母猪的输精方法

多次用输精管输精器输精　母猪的阴道部和子宫界限不明显，输精管较容易插入。输精时，把输精管用少量润滑剂润滑，立即插入阴道内，先向斜上方插入 3～5 cm，然后向前插入，边插入边旋转(逆时针)将输精管插入子宫颈内，当母猪没有努责，输精管不能继续插入时，说明插入到输精部位，此时将输精管稍向后拉出一小点(防前口被阻塞)，接上输精器，让精液自动流入子宫内，必要时，可适当加压把精液输入(图 3-51)。

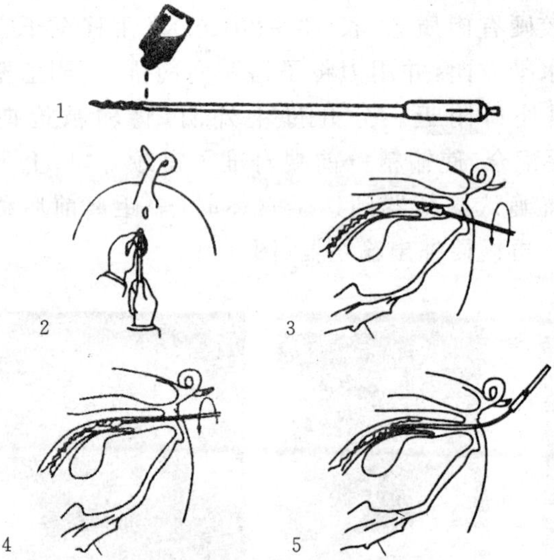

图 3-51 猪的输精过程

1. 润滑输精管前端螺旋体 2. 插入输精管前端螺旋体 3. 确保输精管前端螺旋体紧贴阴道背部表面 4. 逆时针方向转动输精管前端螺旋体以锁住子宫颈 5. 将输精管与输精管前端螺旋体连接并抬高输精管以驱使精液流动

(三)母羊的输精

1. 阴道开膣器法输精

绵羊和山羊都采用开膣器(图 3-52)输精法或内窥镜输精法。由于羊的体形较小,为工作方便,提高效率,可制作能升降的输精台架或在输精架后设置一凹坑(图 3-53)。首先将母羊保定,保定员把母羊尾部向上拉起,输精员用开膣器打开阴道,找到子宫颈外口,而后把吸有精液的输精管沿开张器插入子宫颈口 0.5～1.0 cm 深处,缓缓注入精液。母羊输精量一般为 0.05～0.1 mL,不超过 0.2 mL。输精完毕,小心取出输精器和开张器,拍一拍母羊的腰背部,以防精液倒流。

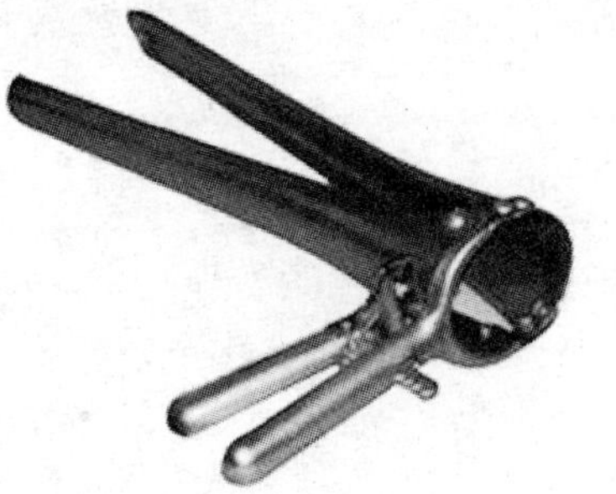

图 3-52　开膣器

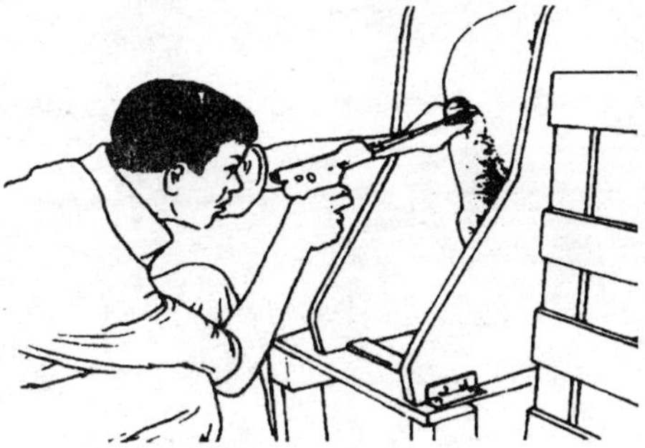

图 3-53　羊的输精

2. 腹腔内窥镜子宫角输精法

对于冷冻精液使用子宫颈输精法受胎率较低,目前有条件的地区,使用腹腔内窥镜进行子宫角输精,可大大提高受胎率。但腹腔内窥镜价格较高,操作方法也较为复杂,在生产中推广应用还有一定距离。

(四)母马(驴)的输精

首先在操作台上把吸有精液的注射器安装在输精管上,一只手握住注射器与胶管的接合部,使胶管尖端始终高于精液面。术者站在母马后方,用另一只手提起输精管伸入母马阴道内,找到子宫颈的阴道部,用中指和食指扩开子宫颈,把胶管导入子宫内 10～15 cm,提起注射器并推压活塞使精液慢慢注入。

不管是给哪种家畜输精,输精完毕后,应在其腰荐结合处或臀部拍 1～2 掌,刺激母畜生殖道的收缩,以防止或减少精液的倒流,并加速精子向受精部位运输。

(五)雌犬的输精

将雌犬放在高度适当的台上,站立保定或做后肢举起保定,输精人员将输精枪与雌犬背腰水平线大约呈 45°向上插入 5 cm 左右,随后以平行的方向向前插入;输精枪到达子宫颈口时,输精人员会感到明显的阻力,此时,可将输精枪适当退后再行插入,输精枪通过子宫颈口后,输精人员会有明显的感觉;这时,可将输精枪尽量向子宫内缓慢推送,有的甚至可达子宫角。当输精枪不能再伸入时,输精人员将输精枪向后退少许,即可缓慢注入精液。输精后抬高雌犬的后躯 3~5 min,防止精液倒流。

项目九　母畜妊娠诊断与分娩助产技术

任务28　母畜妊娠诊断技术

【学习目标】

针对畜禽场、畜禽繁殖场、育种场及改良场等部门岗位技术任务要求，学会外部检查法、内部检查法、实验室检查法诊断母畜的妊娠。

【操作与实施】

一、外部检查法

（一）视诊

母畜配种（受精）一个性周期后，应注意观察母畜是否再次发情。如果连续1～2个周期不发情，则可能已妊娠。这种方法对发情规律比较正常的母畜，有着一定的实用价值，其准确率一般可达80%以上。但是当母畜饲养管理或利用不当、生殖器官不健康、激素分泌紊乱以及有其他疾病发生时，虽未怀孕，也可能不表现发情。此外，有的母畜虽已怀孕，却会出现发情，这种情况多见于马、驴、少数牛也时有发生。因此，该法只能作为辅助手段。

母畜妊娠后一般表现为：食欲增加，毛色润泽，膘情良好，体重增加，性情温顺，到一定时期（牛、马、驴4～5个月，羊3～4个月，猪2个月）后，腹围增大，腹壁向一侧突出，马、驴多向左侧突出，牛、羊多向右侧突出，而母猪腹部侧向下垂。两侧腹壁的不对称。回避公畜，并拒绝公畜爬跨。群牧的母畜则有离群、行动谨慎、怕拥挤、防踢等行为表现。

已妊娠母畜外阴部干燥收缩紧闭，有皱纹出现，阴道黏膜苍白、干燥、无分泌物。妊娠后期，母畜乳房增大，尻部下塌较深，阴户出现充血膨大松弛等征状。观察妊娠的缺点在于对早期妊娠难以确定，另外对少数生理异常的母畜易出现误诊，因此观察妊娠的结果仅能作为其他方法的补充。

怀孕家畜，可以看到肷部凹陷，腹围增大，乳房增大，出现胎动。但不到怀孕末期，通常难以得到确诊。

(1)牛羊　由于母牛左后腹腔为瘤胃所占据，所以，站于妊娠母牛后侧观察时，可以发现右腹壁突出。羊在妊娠后半期右壁表现下垂而突出。

(2)猪　妊娠后半期，腹部显著增大下垂，乳房皮肤发红，逐渐增大，乳头也增大。

(3)马　由后侧观看时，已妊娠母马的左侧腹壁较右侧腹壁膨大，肷窝亦较充满，在妊娠末期其左下腹壁较右侧下垂。

(二)触诊

在怀孕后期，可以从外部触诊胎儿。

(1)牛　早晨饲喂之前，用手掌在右膝襞之前方，肷部之下方，压触以诱发胎儿运动，亦可用拳头在肷部往返抵动。以触知胎儿，但此方法不可过于猛烈，以免引起流产。能触知的时间一般须在怀孕 6 个月以后。如果从右侧触诊不到可在左侧试验。

(2)羊　检查者在羊体右侧并列而立，或两腿夹于羊颈部，以左手从左侧围住腹部，而右手从右侧抱之，如此用两手在腰椎下方压缩腹壁，然后用力压左侧腹壁，即可将子宫转向右腹壁而右手则施以微弱压力进行触摸，胎儿是硬的，好像漂浮于腹腔中，营养较差被毛较少的母羊有时可以摸到子宫，甚至可以摸到胎盘。

(3)猪　触诊时，使母猪向左侧卧下，然后细心地触摸腹壁，在妊娠 3 个月时，在乳腺的上方与最后两乳头平行处触摸可发现胎儿，有坚硬的质地，但仅是瘦的母猪在后期才能摸到。

(4)马　在乳房稍前方的腹壁上，用手掌多次抵压来进行触摸。能触到胎儿的时间在瘦马是 7 个月以后，肥马在 8 个月以后。

(三)听诊

利用听诊器在母畜外腹壁距子宫最近的部位，检查有无胎儿心音，这种方法只适用于妊娠中后期，胎龄越长准确率越高。

(1)听诊方法　牛在怀孕第 6 个月以后，可在安静场所由右肷腹下方或膝襞内侧听取。马可在乳房与脐之间或后腹部下方听取，能听到的时间在怀孕第 8 个月以后，但往往由于受肠蠕动音的影响而不易听到。

(2)心音数　无论马和牛，胎儿心音均比母畜多达 2 倍以上。

二、内部检查法

(一)阴道检查法

阴道检查法是大家畜配合直肠检查进行的辅助诊断方法;是小家畜妊娠检查的诊断方法之一。此法是用阴道开膣器插入母畜阴道,观察其阴道黏膜的颜色、干湿状况、黏液的浓稠度、透明度和分泌量,子宫颈的形状、位置及开口处的黏液状况等。

(1)保定　母畜保定在保定架内,用绷带缠尾后扎于一侧。如无保定架也可用三角绊。母畜阴唇及肛门附近先用温水洗净,最后用酒精棉花涂擦。如需将手伸入阴道进行检查时,消毒手的方法与手术前手的准备相同,但最后必须用温开水或蒸馏水将残留于手上的消毒液冲净。

(2)消毒　金属用具先用清水洗净后,再以火焰消毒或用消毒液浸泡消毒。但其后必须再用开水或蒸馏水,将消毒液冲净。

(3)阴道检查方法　给已经消毒过的开膣器或者扩张筒前端约 5 cm 处向后涂以滑润剂(石蜡油等),在检查之前用消毒纱布覆盖,以免灰尘沾污。

检查者站于母畜左右侧,右手持开膣器或扩张筒,左手拇食二指将阴唇分开,将开膣器或扩张筒前端略微向上缓缓送入,待完全进入后,轻轻转动开膣器,使其两片呈扁平状态,最后压紧两柄使其完全张开,进行观察;如果用扩张筒,完全进入后进行观察。

检查完毕,将开膣器恢复如送入时状态,然后再缓慢抽出,抽出时切忌将开膣器闭合,否则易于损伤阴道黏膜;扩张筒可缓慢抽出。检查完毕将开膣器或扩张筒进行清洗消毒(图 3-54)。

图 3-54　牛的阴道检查

(4)阴道黏膜及子宫颈变化

①阴道黏膜。妊娠2周后，插入开膣器时感到有较大阻力，阴道黏膜由未孕时的淡粉红色变为苍白色，干燥而无光泽，同时阴道收缩变紧。检查时动作要迅速，否则会因时间过长，阴道受刺激转为充血状态。

②阴道黏液。怀孕初期，阴道中的黏液量变少，黏稠度增加，颜色混浊，呈灰白色或略带黄色。怀孕中期，阴道黏液量有增加趋势，以牛最为明显，有时甚至可流出阴门外，马的阴道黏液较浓稠，呈糊状，并带有特殊的芳香味，这些黏液多聚集在子宫颈外口附近及阴道穹窿部。

③子宫颈。妊娠后颈管紧闭，子宫颈阴道部变为苍白，颈外口处堵有黏液块(子宫栓)，子宫栓以牛的较为明显，马的在怀孕3～4个月后才逐渐增多。牛在妊娠过程中子宫栓有更替现象，被更替的黏液排出时，常黏附于阴门下角，并有粪草黏着。马妊娠3周后，子宫颈即收缩紧闭，子宫颈阴道部变得细而尖。子宫颈的位置随妊娠的进展有所变化，怀孕初期一般位于阴道穹窿部的中央，以后由于子宫膨大下垂，使其受到牵引而向前下方移动，有时也偏向一侧。

(二)直肠检查法

直肠检查法是牛、马等大畜禽妊娠诊断最可靠的方法。该法简便易行，在整个妊娠期(马从配种后16 d，牛从40 d左右)都可使用，诊断结果较准确。此法可判断胎龄、识别假妊娠、假发情、死胎以及某些生殖疾病等不正常情况。

使用该法的检查人员必须经过一定的技术训练，方可熟练掌握，尤其在妊娠早期，胎儿很小，母畜生殖器官在形态上的变化不大，只有具有丰富经验的技术人员才能正确判断。

直肠检查法是检查人员把手伸进母畜的直肠内，隔着直肠壁触摸卵巢、子宫、胎盘(牛)、胎儿及子宫动脉等，根据它们的变化情况来判断母畜是否妊娠。母畜妊娠后，在黄体分泌的孕激素作用下，阴道、子宫以及卵巢的形态、位置和质地等都会发生一系列有规律性的变化，这些变化随妊娠的不同时期而有差异，因此在直肠检查时检查的内容依怀孕时间不同而有所侧重。如在妊娠早期，主要检查卵巢上黄体的状态，子宫角的形态和质地、两侧子宫角是否对称、孕体是否明显。妊娠中后期，由于胎儿已经下沉，子宫远离直肠，可以检查子宫颈的位置及子宫动脉的妊娠搏动，对牛可以检查子叶胎盘。

直肠检查前的准备工作、操作手法和注意事项与发情鉴定的直肠检查法大致相同。触诊胚泡或胎儿时，动作要轻缓，且不宜拖延时间太久，以免造成流产。

(1)手臂伸入直肠，当手腕伸入肛门，手向下轻压直肠肠壁，即可触摸到棒状坚实纵向子宫颈。

(2)将食指、中指、无名指分开沿着子宫向前摸索,在子宫体前,中指可摸到一纵行子宫角间沟。

(3)再向前探摸,食指和无名指可摸到类似圆柱状两侧子宫角。

(4)沿子宫角的大弯向外侧下行,即可触到呈扁卵圆形、柔软、有弹性的卵巢。

(5)触摸过程中如摸不到子宫角和卵巢时,应再从子宫颈开始向前逐渐触摸。

(6)母牛妊娠诊断时须触摸子宫角的大小、形状、对称程度、质地、位置及角间沟是否消失;在子宫体、子宫角可否摸到胚泡并判断其大小,子宫颈粗细、位置及牵拉感觉;有无漂浮的胎儿及胎儿活动状况;子宫内液体性状;子宫动脉粗细及妊娠脉搏的有无,子叶大小。

三、实验室检查法

(一)超声波检查

1.猪的超声波检查

(1)不需保定待查母猪,令其安静侧卧、趴卧或站立均可。

(2)先清洗刷净欲探测部位,涂抹石蜡油,由母猪下腹部左右胁部前的乳房两侧探查。从最后一对乳房后上方开始,随着妊娠日龄的增长逐渐前移,直抵胸骨后端进行探查,亦可沿两侧乳房中间腹白线探查。使多普勒妊娠诊断仪的探头紧贴腹壁,对妊娠初期母猪应将探头朝向耻骨前缘方向或呈45°斜向对侧上方,要上下前后移动探头,并不断变换探测方法,以便探测胎动、胎心搏动等。

(3)判定标准:母体动脉的血流音是呈现有节律的“啪嗒”声或蝉鸣声,其频率与母体心音一致。胎儿心音为有节律的“咚、咚”声或“扑通”声,其频率约200次/min,胎儿心音一般比母体心音快1倍多。胎儿的动脉血流音和脐带脉管血流音似高调蝉鸣声,其频率与胎儿心音相同。胎动音好似无规律的犬吠声,妊娠中期母猪的胎动音最为明显。

2.羊的超声波检查

(1)待查母羊自然站立或侧卧。

(2)探查部位在左右乳房基部外侧的无毛区。

(3)探查时,使多普勒妊娠诊断仪的探头紧贴母羊腹壁,方法和探查母猪相同

(4)判定标准　探查母羊妊娠时有加快的“扑通”声,结合母羊和胎儿的心率变化进行判定。

(二)测定孕酮水平检查

母畜体内孕酮的主要来源是黄体,因此体内孕酮水平的变化可作为监测母畜生殖活动的精确“指示剂”。由于妊娠黄体的存在,在相当于下一个情期到来的时间,其血中(血清)和奶中(乳汁或乳脂)孕酮含量要远远高于未孕母畜。因此,测定母畜血浆或乳汁的孕酮浓度可以进行早期妊娠诊断。

采乳样比采血样方便,目前测定乳中孕酮含量的较多,而乳中孕酮水平受乳脂含量的影响,故测定脱脂乳孕酮水平比测定全乳更准确。对于非乳用母畜,可以采集尿液、唾液、被毛或粪便进行孕酮水平测定。因为动物的尿液、唾液、被毛和粪便中的孕酮水平与血样或乳样中的孕酮水平有很强的相关性。

测定孕酮的方法有放射免疫测定法(RIA)、酶免疫测定法(EIA)、酶联免疫吸附测定法(ELISA)和乳胶凝集抑制试验(LAIT)。

(三)测定硫酸雌酮

硫酸雌酮是母畜胚泡分泌雌酮的代谢物在子宫内膜中转化而来,硫酸雌酮进入血液循环在妊娠早期达到可测水平。母猪配种后 15～30 d 时,妊娠母猪血清和尿中硫酸雌酮含量明显上升,而未孕猪含量一直保持低水平。以母猪血浆中硫酸雌酮含量 1 ng/mL 为判断是否妊娠的标准。此外硫酸雌酮的含量与母猪的产仔数呈正相关,可初步预测产仔数的高低。因此,测定血清、尿液及粪便中的硫酸雌酮浓度可进行早期妊娠诊断。测定硫酸雌酮的浓度常用 EIA 法,其灵敏度和特异性很高。

(四)免疫学诊断

是指根据免疫化学和免疫生物学的原理所进行的妊娠免疫学诊断。它的主要依据是:怀孕后,胚胎、胎盘及母体组织分别能产生一些化学物质、激素或酶类,其中某些物质具有很好的抗原性,能刺激动物机体产生免疫反应,如果用这些物质去免疫其他畜禽(如家兔或火鸡),会在体内产生强烈的抗体,用其血液制成抗血清。血清中的特异抗体只能和其诱导的抗原相同或相近的物质进行特异结合。抗原和抗体的这种结合可以通过两种方法在体外测定出来:一是荧光染料或同位素标记,然后在显微镜下定位;另一是抗原和抗体结合产生某些物理性状,如凝集反应、沉淀反应,利用这些反应的有无来判断畜禽是否妊娠。

(五)测定孕马血清促性腺激素

孕马血清促性腺激素于母马妊娠的第 18 天开始在血液中出现,第 60 天迅速增加到 500～1 000 IU/mL,这种浓度可以维持 40～65 d。因此,在母马配种后 18 d 即可检测到 PMSG 的存在。通过生物学方法和免疫技术测定 PMSG 进行妊娠诊断一般在配种后的 40 d 左右。应用 PMSG 放射免疫测定法对配种后 40～60 d 的母马进行了早期妊娠诊断，确诊率达 90％。

（六）测定早孕因子（EPF）

家畜妊娠时，垂体释放催乳素（PRL）而作用于黄体，产生了一种特殊的糖蛋白即早孕因子 。EPF 可以由血小板激活因子（PAF）诱导产生，是一种新的妊娠特殊蛋白。它通过抑制母体的细胞免疫使胎儿免受免疫排斥得以在母体内存活。所以，EPF 被认为是与早期妊娠相关的物质。小鼠配种后 6 h 即可发现多种免疫抑制性早孕因子，母牛在受精后 24～48 h 可检测出血清中的 EPF，从而对母畜进行超早期妊娠诊断。EPF 的出现和持续存在能够特异性地代表受精和孕体发育，在胚胎死亡或移去的短时间内消失。测定 EPF 可用 EIA 和 RIA 法，还可用 $CuSO_4$ 溶液使血中早孕因子发生凝集，可定性地分析出乳中是否存在 EPF，以达到确定妊娠的目的。

任务 29　牛的妊娠诊断技术

【学习目标】

针对牛场、畜禽繁殖场、育种场及改良场等部门岗位技术任务要求，学会直肠检查法、孕酮水平测定法、10％苛性钠溶液煮沸法、超声波诊断法诊断母牛的妊娠。

【操作与实施】

一、直肠检查法

未孕母牛整个子宫一般位于骨盆腔内，但经产母牛的子宫往往前移，位于耻骨前缘或一部分堕入腹腔内。在骨盆底上有坚实的子宫颈，子宫角间沟明晰可辨，两子宫角的位置、形状、大小、粗细基本对称，软硬也相同，触诊时可引起子宫角反射性收缩（图 3-55）。

1. 配种 19～22 d

子宫的变化不明显，不能摸到胚泡。在排卵侧卵巢上，若存在发育良好，直径为 2.5～3 cm 的黄体，则是妊娠的重要表现。配种后没有怀孕的母牛，通常在第 18 天黄体就消退，因此，不会有发育完整的黄体。

2. 妊娠 30 d 后

两侧子宫大小不对称，孕角略为变粗，质地松软，有波动感，孕角的子宫壁变

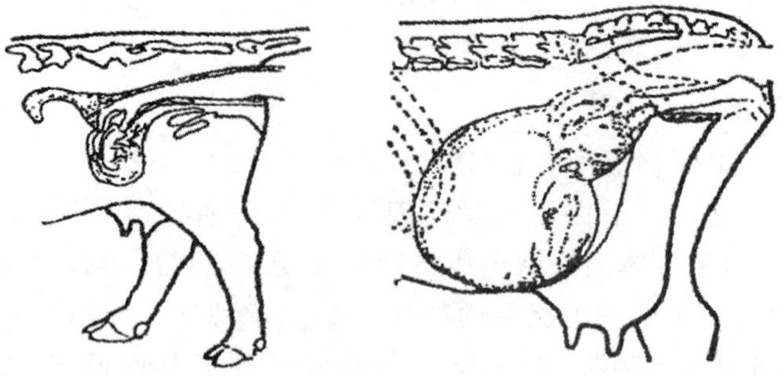

图 3-55 牛的直肠检查

薄;空角硬而有弹性,弯曲明显;用手轻握孕角,从一端滑向另一端,有胎膜囊从指间滑落的感觉。若用拇指与食指轻轻捏起子宫角,然后稍微放松,可感到子宫壁内先有一层薄膜滑开,这就是尚未附植的胚囊壁。

3. 妊娠 60 d

孕角明显增粗,相当于空角的 2 倍左右,波动感明显,角间沟变得宽平,可摸到整个子宫。

4. 妊娠 90 d

孕角有婴儿头或排球大小,波动极明显;角间沟消失,子宫开始沉向腹腔,初产牛子宫下沉要晚些。子宫颈前移,有时能摸到胎儿。孕侧的子宫中动脉根部有微弱的震颤感(妊娠特异脉搏)。

5. 妊娠 120 d

子宫像装满东西的口袋全部沉入腹腔,子宫颈已越过耻骨前缘,一般只能摸到子宫的背侧及该处的子叶,子叶如蚕豆大小,可摸到胎儿,孕侧子宫动脉搏动明显。

6. 此后到分娩

子宫进一步增大,沉入腹腔甚至抵达胸骨区,子叶逐渐长大如胡桃、鸡蛋。子宫动脉越发变粗,粗如拇指,双侧都有明显的妊娠脉搏。妊娠后期可触到胎儿、四肢及各部。

母牛妊娠 3 个月后,子宫动脉的怀孕脉搏即可作为诊断的重要标志。寻找子宫动脉的方法是,将手伸入直肠后,手心向上,指肚贴着椎体向前滑动,在岬部的前方可摸到腹主动脉的最后一个分支,即髂内动脉,在左右髂内动脉的根部各分出一支动脉即为子宫动脉。用双指轻轻捏住子宫动脉,压紧一半就可感觉到典型的颤动(图 3-56)。

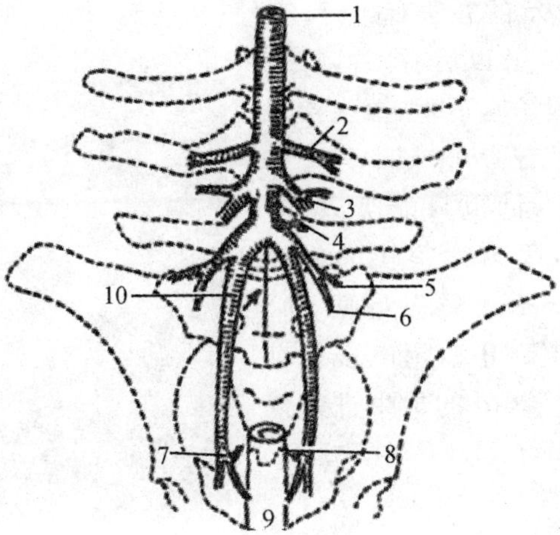

图 3-56　母牛子宫动脉解剖位置

1.腹主动脉　2.卵巢动脉　3.髂外动脉　4.肠系膜后动脉　5.脐动脉　6.子宫动脉
7.尿生殖动脉　8.尿生殖动脉子宫支　9.阴道　10.髂内动脉

二、孕酮水平测定法

根据妊娠后血中及奶中孕酮含量明显增高的现象,常用放射免疫和酶免疫法测定奶样中的孕酮含量进行妊娠诊断。应用放射免疫法在配种后 20～25 d 测定孕酮含量,奶牛每毫升乳汁孕酮含量>7 μg 为妊娠,≤5.5 μg 为未孕,介于 5.5～7 μg 为可疑,其妊娠准确率为 81.6%,空怀准确率 100%。

三、10%苛性钠溶液煮沸法

取子宫颈黏液适量置于试管内,加 10% 苛性钠溶液 5 mL,煮沸 1 min。若液体被染成橙色至暗褐色,则可判定该牛已孕;若溶液呈透明黄色,则判定该牛未孕。用 10% 苛性钠溶液煮沸法其妊娠准确率可达 85%以上,用 25%苛性钠溶液其妊娠诊断准确率达 90%以上。

四、超声波诊断法

1. 多普勒测定仪探查

一种是用探头通过直肠探测母牛子宫动脉的妊娠脉搏,由信号显示装置发出的不同的声音信号,来判断妊娠与否。其方法是探头的晶片面向上伸入直肠,达腰荐关节前,晶片面转向左或右侧进行探查。另一种是探头伸入阴道穹隆 2 cm 处,在下方两侧进行探测，显示的方法有声音、符号、文字等形式。母体宫血音：妊娠 30～40 d 出现“阿呼”音，40 d 以后有“蝉鸣”音判为妊娠，未孕牛或因子宫下垂，探头接触不良时，仅听到“呼呼”音，声音频率与母体脉搏相同。胎儿死亡时，也只能听以“呼呼”音。胎儿脐血音：呈节律很快的血流音，其频率为每分 120～180 次，从妊娠 50 d 起比较明显。应用 SCD-Ⅱ型超声多普勒诊断仪，对配种后 33～70 d 的母牛进行探测，其妊娠诊断准确率可达 90％左右。

2. B 型超声波诊断

在有条件的大型奶牛场也可采用较精密的 B 型超声波诊断仪（图 3-57）。

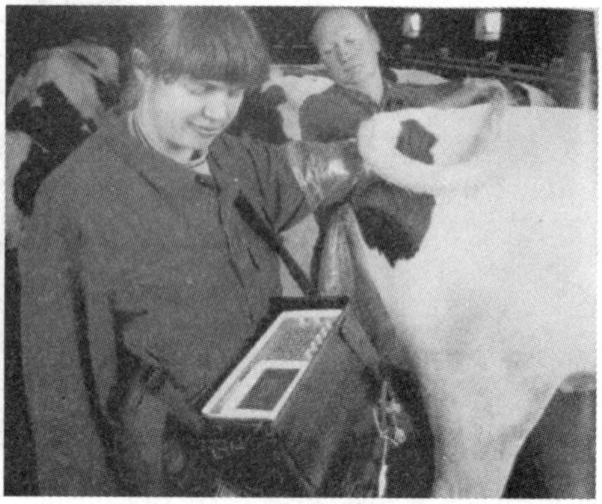

图 3-57 用 B 超进行牛的妊娠诊断

任务 30 母马（驴）直肠检查法妊娠诊断

【学习目标】

针对马场、畜禽繁殖场、育种场及改良场等部门岗位技术任务要求，学会直肠检查法诊断母马（驴）的妊娠。

【操作与实施】

一、直肠检查法

应用直肠检查法可对马（驴）进行早期妊娠诊断，确诊的时间较牛早（一般马配种后 18～20 d，驴 16～18 d）。妊娠母马生殖器官的变化特点为：

（一）卵巢的变化

妊娠的早期，卵巢的位置变化不大，孕角一侧卵巢一般体积增大，其黄体突出于卵巢表面，使卵巢呈三角形，而空角侧的卵巢无变化。随着怀孕期的进展，至 75 d 时，由于子宫逐渐下沉，两侧卵巢的位置趋于向中央靠拢，同时也略下沉，至怀孕 4 个月，往往在直检时一只手就可以摸到两个卵巢，到 5 个月后完全沉入腹腔而不易摸到。

(二)子宫的变化

未妊娠时,两子宫角基本对称、松软,呈扁筒状,角基部宽大,分叉部平滑。妊娠 14～16 d 时,子宫角收缩变细呈圆柱状,角壁肥厚,轻捏时(避开基部)指间有肌肉组织感或角深部略有硬化感觉。此时,有的母马子宫角基部可有不太明显的突起(胚泡)。至 16～25 d,孕角的硬化程度增加,但空角较松软,在孕角的基部,有突出明显的圆形胚泡,如乒乓球大,触之较软,有波动感,空角大多弯曲,两角靠近,中间夹角变小,在子宫底部两角交界处出现一条凹沟。在 30～35 d 时,胚泡约有鸡蛋乃至鹅蛋大小,孕角明显缩短。妊娠 40～45 d 时,胎胞(包被孕体的子宫部分、胎壳、胎水及胎儿的总称)常达拳头大小,液体更加波动明显。50～60 d 时,胎胞大如垒球,开始下垂,移至骨盆底前部或耻骨前缘,此后胎胞逐渐向空侧子宫角延伸,变为椭圆形,胎胞中约有液体 700～800 mL。至 75 d 时,胎胞继续增大,其胎水约有 1 000 mL。90 d 时,包着胎胞的子宫呈茶壶的形状,两角已不易分辨,且向腹腔下垂,偶尔能触到浮在胎水中的胎儿,此时胎水约有 2 000 mL。较牛晚些。至 4 个月时,胎胞可以达排球大小,此时子宫颈被牵至耻骨前缘,在肠道内容物充满时,尚可触摸到胎胞和胎儿。5 个月以后,子宫下垂至腹腔的位置较深,不易触到子宫的波动情况,但由于胎儿已逐渐长大,故有时可明显地触到胎儿和胎动。如图 3-58 所示。

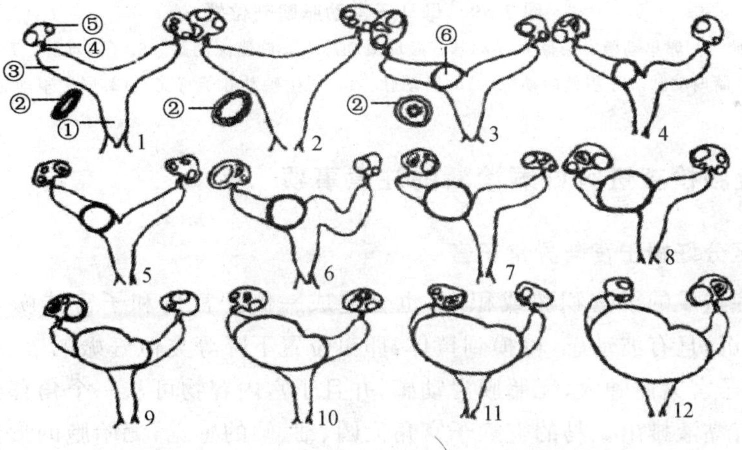

图 3-58　马早期妊娠子宫及胎泡的形态变化

1. 未妊正常子宫　2. 未妊炎症子宫　3. 初产马怀孕 16～25 d 子宫及胚泡　4. 经产马怀孕 16～25 d 子宫及胚泡　5. 初产马怀孕 26～35 d 子宫及胚泡　6. 经产马怀孕 26～35 d 子宫及胚泡　7. 怀孕 36～45 d 子宫及胚泡　8. 怀孕 46～55 d 子宫及胚泡　9. 怀孕 56～65 d 子宫及胚泡　10. 怀孕 66～75 d 子宫及胚泡　11. 怀孕 76～85 d 子宫及胚泡　12. 怀孕 86～95 d 子宫及胚泡

①子宫体　②子宫角横切面　③子宫角　④输卵管　⑤卵巢　⑥胚泡

(三)子宫动脉的变化

母马怀孕后,随着子宫不断增大,子宫动脉也逐渐变粗,到妊娠 4～5 个月时,子宫动脉开始出现妊娠脉搏,这种特异的搏动是由于子宫动脉显著变粗时,血流量增大而又不能立刻通过微细血管进入静脉回流,于是便在该血管中形成涡流所致。

寻找母马子宫动脉的方法是:手伸入直肠,掌心向上,手指紧贴骨盆顶部的荐骨,从后向前滑动摸到腹主动脉末端的两条分支即髂内动脉,再沿腹主动脉向前摸到第二个分支即髂外动脉,在髂外动脉的基部即可触到由该处分出来走向子宫阔韧带的子宫动脉(图 3-59)。

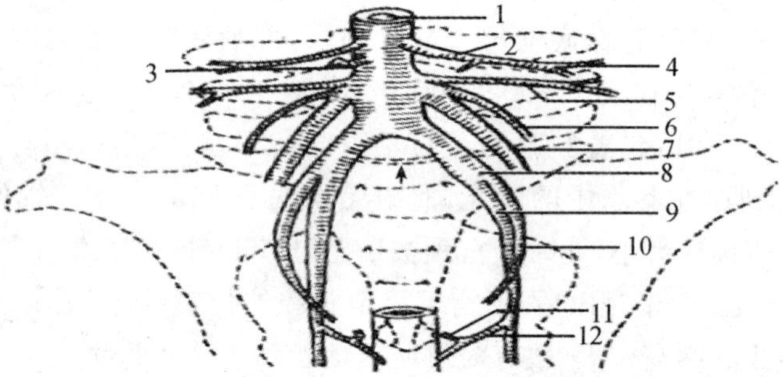

图 3-59 母马子宫动脉解剖位置

1.腹主动脉 2.卵巢动脉 3.肠系膜动脉 4.卵巢动脉 5.旋髂深动脉 6.子宫动脉 7.髂外动脉 8.髂内动脉 9.阴部内动脉 10.脐动脉 11.尿生殖动脉子宫支 12.尿生殖动脉

二、直肠检查进行妊娠诊断的注意事项

(一)区分妊娠子宫与异常子宫

因炎症造成的子宫积脓或积水,也会造成一侧子宫角和子宫体膨大,重量增加,子宫下沉,且有波动感,可摸到黄体,卵巢位置下降等类似妊娠的表现。仔细检查会发现:子宫紧而肿大,无胎膜滑动感,并且子宫内容物可从一个角移到另一角,阴道往往有黏液排出。马的炎症子宫角无圆、细、硬的感觉,无胎胞的形体感,牛无子叶出现。不管何种异常,不会有子宫动脉妊娠脉搏。

(二)准确判断孕期发情与假怀孕

母马在怀孕早期,排卵对侧卵巢上常有卵泡发育,以致有轻微发情表现,这时只要直检有典型的怀孕征状,就可诊断为妊娠。母牛配种后 20 d 偶尔也会有假发情的现象,如外阴出现肿胀,直检怀孕症状不明显,但是,只要是无卵泡发育也可认为是假发情。母马(驴)配种后 40 d 以内,往往有假怀孕的情况,即表现有妊娠症状,如子宫角变为细圆、硬实、子宫底有凹沟,卵巢上多无卵泡发育,阴道干涩、苍白,并有子宫颈塞,但与妊娠者不同的是,直到 30～40 d 或更长时间一直摸不到胚泡。假孕可能由于胚胎早期死亡引起,对确诊为假孕的母畜,可用 40℃生理盐水冲洗子宫几次,并注入抗生素,促使重新发情。

(三)区别膀胱与怀孕子宫角

牛、马等大畜禽膀胱充满尿液时,其大小和妊娠 70～90 d 的胎胞相似,容易混淆造成误诊。应注意区别:膀胱为一圆形器官,而不是管状器官,没有子宫颈也没有分叉。无牵连物,有网状感。正常时在膀胱顶部中右侧可摸到子宫。

(四)正确判断阴道积气

由于阴道内积气,而膨胀,犹如一个气球,不细心检查可能误认它是子宫。按压这个"气球",并将奶牛后推,就会从阴户放出空气。可听到排气声,感觉到"气球"在缩小。

(五)区别肾脏与怀孕子宫角

如仔细触诊就可识别出叶状结构。此时,应找到子宫颈,看所触诊的器官是否彼此相连。若摸到肾叶,那就既无波动感,也无滑落感。

(六)区别瘤胃与怀孕子宫

有时瘤胃压着骨盆,非怀孕子宫完全在右侧盆腔的上部。如摸到瘤胃,其内容物像面团,容易区别。同时也没有滑落感。

任务 31　母羊的妊娠诊断

【学习目标】

针对羊场、畜禽繁殖场、育种场及改良场等部门岗位技术任务要求,学会外部观察法、腹壁触压法、直肠检查法、B 超妊娠诊断法诊断母羊的妊娠。

【操作与实施】

一、妊娠诊断外部观察法

母羊配种后一个发情周期不再发情,1 个月后阴户干燥紧缩,颜色发紫,便可初步认为怀孕。检查妊娠母羊的阴道，刚打开时可见黏膜为白色，几秒钟后即变为粉红色，而未孕羊的阴道黏膜为粉红色或苍白，且由白变粉的速度较慢。孕羊 60 d 后腹部明显增大。

二、腹壁触压法妊娠诊断

检查者在羊体右侧与羊并立，或两腿夹住羊的颈部，人脸朝向羊尾部，以左手从羊右侧围住腹部，右手从左侧抱住羊腹，两手先在腰椎下方轻缓压缩腹壁，然后右手用力压左侧腹壁，如此则可将子宫推向右侧腹壁，左手在右侧腹壁上前后滑动，触摸是否有硬块（胎儿）。触诊到的胎儿好像漂浮于腹腔中，膘情差或被毛少的母羊，有时还可摸到子叶（图 3-60）。

图 3-60　羊的触诊

三、羊的直肠检查妊娠诊断

羊的直肠检查现多用探诊棒进行（图 3-61）。检查时，将停食一夜的被检母羊仰卧保定，向直肠灌入 30 mL 左右的温肥皂水，排出直肠内宿粪，将涂有润滑剂的探诊棒插入肛门，贴近脊柱，向直肠插入 30～35 cm，然后一只手将探诊棒的外端轻轻压下，直肠内一端稍微挑起，以托起胎胞，同时另一只手在腹壁触摸，如触到块状实体，说明母羊已妊娠，如反复诊断均只能摸到探诊棒，说明未孕。此法适宜于配种 60～85 d 的孕羊检查，配种已达 115 d 时要慎用。

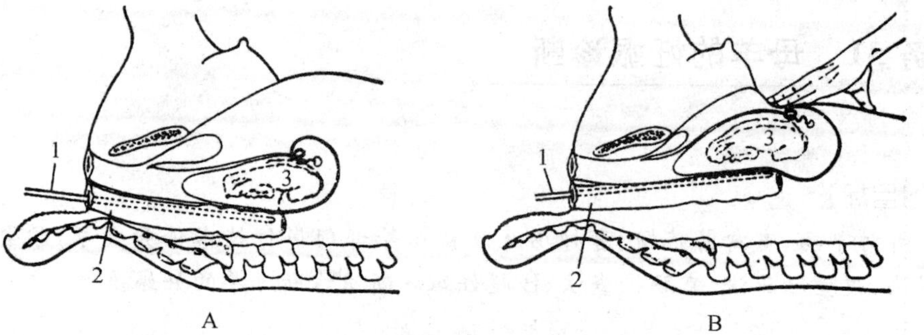

图 3-61　母羊妊娠探诊棒直肠检查法

A. 插入探诊棒　B. 用探诊棒托起胎儿

1. 探诊棒　2. 直肠　3. 胎儿

四、羊的B超妊娠诊断

准确率高，操作也简便。据有关实验，把波尔山羊胚胎移植给受体白山羊和波尔山羊与本地山羊杂交后进行早期妊娠检查，在胚胎移植或交配后20～100 d对羊妊娠诊断，其阴性(B超判断未怀孕)和阳性(B超判断怀孕)的准确率为100%。部分胚胎移植后20 d左右的受体羊出现假阳性，这可能与胚胎移植后胎儿发育停止或出现流产或手术造成的粘连有关。在胚胎移植(2～8个细胞胚胎)30 d以后进行B超妊娠检查，不仅可准确判断妊娠情况，而且能得到胚胎移植羊流产或妊娠中止的数据。试验说明，B超妊娠诊断是目前波尔山羊胚胎移植产业化过程中的一个重要环节。

五、放射免疫分析法

检测血液中的孕酮和雌二醇的水平，连续检测一个发情周期(20 d)，每5 d采集血液样本1次，每只母羊连续采4次。由检测结果分析得出的结论，经实践检验，妊娠诊断的准确率为75%，如果结合其他妊娠诊断方法，可以进一步提高波尔山羊妊娠诊断的准确率。

任务32 母猪的妊娠诊断

【学习目标】

针对猪场、畜禽繁殖场、育种场及改良场等部门岗位技术任务要求，学会外部观察法、触压法、B超妊娠诊断法及性激素检查法诊断母猪的妊娠。

【操作与实施】

一、外部观察

母猪配种后经18～25 d没再表现发情，或到40 d仍无发情表现，而且变得贪睡，性情温顺，上膘明显，尾巴下垂，阴门紧闭等，这些都是妊娠的现象。母猪妊娠2个月后，腹围增大，腹部下垂，妊娠症状更加明显。但是有的母猪未孕也不发情，这就应该结合其体态表现、营养状况全面分析，综合判断，或者采用其他方法进行检查。

二、触压妊娠诊断

适用于妊娠中、后期检查。母猪怀孕 2.5 个月后，用手隔着最后两对乳头上方的腹壁可以摸到胎儿。检查时，可以给母猪搔痒使其卧地，然后用手在上述部位前后滑动，细心触摸。妊娠初期或母猪过肥时，触压较困难。

三、超声波妊娠诊断法

检测方法：探测部位在倒数第 1～2 对乳头上方无毛的软腹壁处，以液体石蜡、凡士林的混合物作耦合剂，探头对准子宫的方向，前后左右呈扇形探测。若能听到宫血音、胎心音、胎动音、脐带血流音之一或一种以上者，即判定为阳性。在 20 d 以内的总准确率和阳性准确率分别为 63.63%和 42.85%，而 21～30 d 二者分别为 84.39%和 70.37%，51～60 d 均达到 100%。

一种美国生产的多普勒超声探测仪，在母猪配种后 18～25 d，对准阴门或后乳房侧部，手按按钮开关，指示灯闪亮红色，一直不闪亮绿灯，为空怀；若闪亮 4 次红灯后，再闪亮绿灯为妊娠。准确率在 98.5%～100%。该仪器价格较低廉(每台约 5 500 元)，体积较轻(重量 400 g)。

应用 B 超检查可以在配种后 14 d 确定是否妊娠，准确率高达 100%。Pie Medical 公司生产的 50S Tringa 彩色 B 超是世界上目前最小、最轻的彩色 B 超仪(重 800 g)，能快速、准确地测出母猪妊娠 18～23 d 胚泡发育情况。利用超声多普勒仪进行母猪早期妊娠诊断，具有简便、快速、准确率高的优点，它可以在生产实践中推广应用。

四、PMSG 制剂检查法

在配种后 14～26 d 的不同时期，在被检母猪颈部肌肉注射 700 IU 的 PMSG 制剂，处理后 5 d 内不发情或发情微弱及不接受交配者判定为妊娠母猪。据实验报道，妊娠和未妊娠母猪的确诊率均达到 100%。用 PMSG 制剂对母猪进行早期妊娠诊断的最佳时间是配种后 14～17 d。该方法简便，诊断时间短，具有妊娠诊断和诱导发情的双重效果，且未妊娠母猪再配种后仍能得到正常的受胎效果，在养猪生产中具有很好的实用价值。

五、性激素检查法

据有关试验报道用缬草素雌二醇 2 mg 加庚酸睾酮 5 mg 在人工输精后第 15～23 d 一次肌肉注射，隔 2～3 d 用公猪试情，若未孕则发情，若怀孕则无反应。亦可用1%丙酸睾酮0.5 mL,0.1%苯甲酸雌二醇2 mL混合肌肉注射,注射后2～3 d内试情,反应同上。

任务33 小动物的妊娠诊断

【学习目标】

针对犬场、畜禽繁殖场、育种场及改良场等部门岗位技术任务要求,掌握对兔、犬、猫等小动物的妊娠诊断技术。

【操作与实施】

一、兔的妊娠诊断技术

先将母兔轻轻抓起放在地上或台上,头朝检查者,以左手抓着兔耳和颈皮,右手拇指与其他四指呈"八"字形分开在母兔腹下,由前向后沿腹壁触摸。如感觉母兔腹部柔软如绵,表示无胎;如摸到有椭圆形滑动肉球,而且多数呈双行排列在后腹两侧,指压时光滑有弹性,不易抓住,即为胎胞;若摸到的圆形物质硬、无弹性、粗糙而不规则,分布面较大则是粪球。

兔的摸胎一般应在配种后12～15 d进行,15 d时可以摸到几个连在一起的胎胞,20 d后可摸到形成的胎儿。摸胎动作应轻缓,要用指肚触摸,不可用力挤捏,以免造成流产。

二、犬的妊娠诊断技术

1.外部观察法

母犬妊娠后,一般食欲增加,被毛光亮,性情温和,活动量减少,个别犬有妊娠呕吐和厌食现象。怀孕2～3周后,第4、5对乳头变粗,颜色为粉红色,乳房开始发育,基部显出"蓝晕",4周后,体重增加明显,腹围开始明显增大。

2.触摸法

母犬在配种后20～25 d进行妊娠诊断。检查时母犬应作站立姿势保定,胎儿的位置在脐孔与第4对乳头之间的腰椎和下腹部之间,左手掌紧贴母犬的下腹部,拇指位于右侧腹壁,中指位于左侧腹壁,当母犬呼气、腹压降低时,以两手指向腹腔压缩,并作上下左右捻动,妊娠犬可感觉到两子宫角松软无力并有硬物感,胎儿呈葡萄状硬块，有弹性，易游离。触摸胎儿时，应在母犬空腹情况下进行，检查操作中，动作应轻缓且勿用力过大，以免造成流产。

3. 超声波诊断法

可以用以上介绍的多普勒法、A 型超声波法和 B 型超声波法三种。多普勒法可在配种后的第 29～35 天探测到胎儿的心跳。B 型超声波诊断可在配种后第 18～19 天进行。

4. 激素诊断法

胚胎附植以后，胎盘即产生并分泌雌激素，它有促黄体作用和抗黄体溶解的作用，从而将使激素维持一个较高水平，防止子宫收缩和保证胎儿的正常发育而不至于被排出。在配种后的第 15～25 天(最适宜时间为 9～22 d)，尿中雌激素水平如在 6.0～9.3 μg/mL 时为已妊娠，在 3.0～4.5 μg/mL 时为未妊娠。利用激素水平进行犬的妊娠诊断不宜使用孕激素测定法，因为妊娠与未妊娠犬在排卵后都会形成黄体，并且都可长时间分泌孕酮，所以，外周血的孕酮水平无显著差异。

三、猫的妊娠诊断技术

1. 外部观察

是依据猫妊娠后体内新陈代谢和内分泌系统变化，导致行为和外部形态特征发生一系列规律性变化，来判断雌猫是否妊娠的方法。妊娠雌猫的主要症状是：

妊娠初期：雌猫不再发情，乳头的颜色逐渐变成粉红色，乳房增大；食量逐渐增加，活动量减少，行动小心翼翼，睡眠时间长，喜欢伸直身子躺着睡；外阴部肥大，颜色变红，排尿频繁。

妊娠 1 个月后：腹部明显增大，轻压其后腹部即能触摸到胎儿的活动；乳房明显膨胀；食欲旺盛，体重继续增加；因为体内激素分泌增多，毛色变得光亮。

妊娠最后 2～3 个月：从腹壁上可观察到胎儿运动。

2. 腹壁触诊

隔着母体腹壁触诊胎儿及胎动的方法。由于猫腹壁通常比较松弛，因而容易触诊。此法可用于妊娠前期检查。最适触诊时间为妊娠后第 20～30 天，因为这一阶段各胎儿之间分隔最明显。此外，在妊娠后期，也可以通过腹壁触诊探及胎儿。

具体操作是将雌猫保定后，在乳房上方最后两排乳头平行位置两侧细心触摸，即可探测到胎儿的存在位置。

3. X 射线检查

在妊娠第 17 天以后，可借助 X 射线透视胚胎，在子宫上形成一个个突起。从这种突起的最小直径，还可以近似推断出妊娠的日期。此法一般不作为早期妊娠诊断来使用，因为放射线对胎儿早期的发育影响较大。

4. 超声波诊断

是通过线形或扇形超声波装置探测胚泡或胚胎的存在来诊断妊娠的方法。猫最早可在第19天后就开始应用。

5. 超声多普勒法

是通过子宫动脉音、胎儿心音和胎盘血流音来判断是否妊娠。猫一般在妊娠30 d后，可用多普勒探测脐动脉血流、胎儿心跳或子宫动脉血流。

6. 血液学检查

此法是根据猫体内血液成分是否发生一系列变化来判断是否妊娠。测定这些变化不仅有助于妊娠诊断，而且有助于区分真妊娠和假妊娠。在妊娠后期时血红蛋白浓度和红细胞压积均降低，但产后1周内恢复正常。这种血液学变化不能单独用于确定一个猫是否妊娠，必须与其他检查项目结合起来分析。白细胞和血浆总蛋白质在妊娠期保持恒定，但在猫激动时，白细胞数会增加。

任务34 母畜的分娩和助产技术

【学习目标】

针对畜禽场、畜禽繁殖场、育种场及改良场等部门岗位技术任务要求，掌握对母畜的分娩预兆观察、识别母畜的分娩过程，学会母畜的分娩的助产技术及初生仔畜的护理技术。

【操作与实施】

一、母畜的分娩预兆

母畜分娩前所发生的生理、身体形态和行为的一系列的变化，称为分娩预兆。根据这些变化可预测分娩时间，做好接产(或助产)的准备工作。

分娩前，乳房迅速发育，腺体充实，有的乳房底部水肿，可挤出少量乳状物，有的有漏乳现象，乳头增大变粗；外阴柔软，充血肿大(图3-62)，黏液增多，稀薄透明，子宫颈松弛；骨盆及荐髂韧带松弛，臀部肌肉出现明显的塌陷现象(图3-63)；行为上表现食欲下降、好静、离群，猪在分娩前6～12 h衔草作窝，兔拔胸腹毛作窝，出现时起时卧等现象。

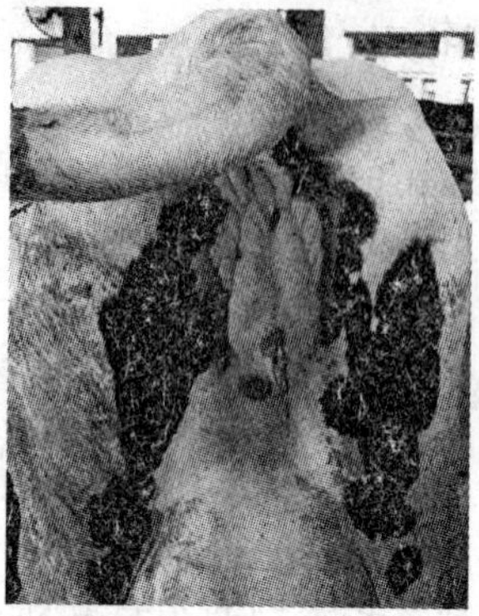

图 3-62 外阴红肿

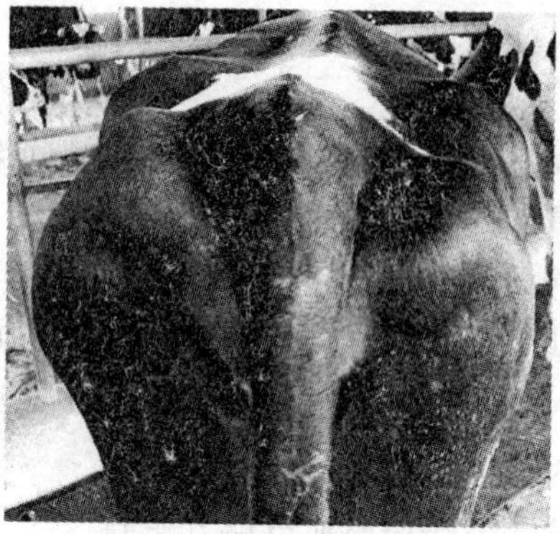

图 3-63 尾根塌陷

二、分娩过程

母畜的分娩过程可分为开口期、胎儿产出期和胎衣排出期。但开口期和产出期没有明显地界限。母畜分娩各阶段的时间见表 3-5。

表 3-5 母畜分娩各阶段的时间表

	开口期/h	胎儿产出期	胎膜排出期
马	12(1～24)	10～30 min	20～60 min
牛	6(1～12)	0.5～4 h	2～8 h
水牛	1(0.5～2)	20 min	3～5 h
羊	4～5	0.5～2 h	2～4 h
猪	3～4	2～6 h	10～60 min

1. 开口期

从子宫开始阵缩开始，子宫颈口完全开张，与阴道之间的界限完全消失为止。此期的特点是：母畜只有阵缩而不出现努责。初产孕畜表现不安，时起时卧，食欲减退，举尾、常作排尿姿势，回头顾腹，但经产孕畜一般表现安静。

2. 胎儿产出期

从子宫颈完全开张至排出胎儿为止的时期。由阵缩和努责共同作用，而努责是排出胎儿的主要动力。此期产畜表现为极度不安，时起时卧，前肢刨地，后肢踢腹。呼吸和脉搏加快，最后侧卧，四肢伸直，强烈努责（图 3-64）。

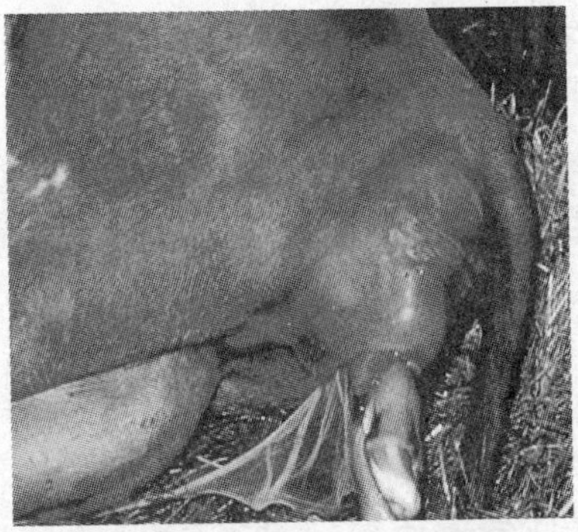

图 3-64 胎儿排出期

3. 胎衣排出期

从胎儿排出后到胎衣完全排出为止的时期。此期产畜表现较安静，子宫主动收缩有时还配合轻度努责而使胎衣排出体外（图 3-65、图 3-66）。

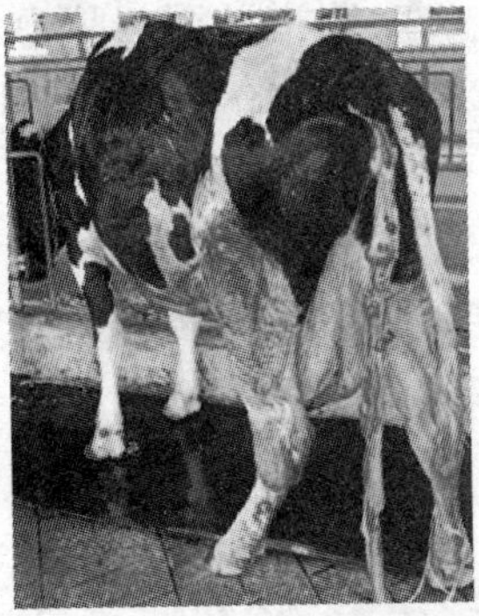

图 3-65 产后母牛排出胎衣

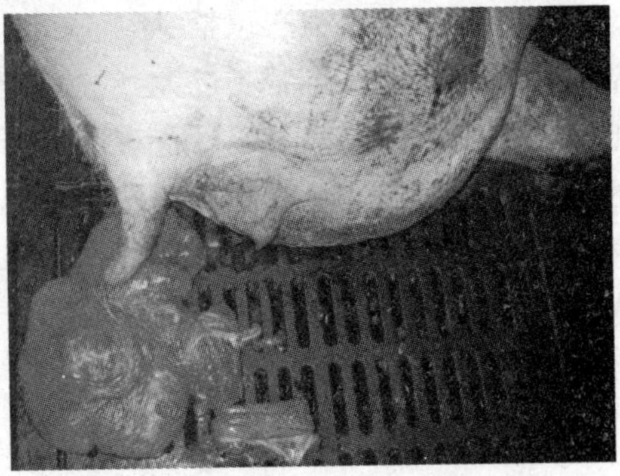

图 3-66 产后母猪排出胎衣

三、助产

（一）助产前的准备

根据配种记录及分娩预兆进行综合预测，母畜在分娩前 1～2 周转入产房。事先对产房进行清扫消毒，厩床上铺垫清洁柔软的干草。产房内应准备必要的药品及用具，如肥皂、毛巾、绷带、消毒药、产科绳、镊子、剪刀、针头、注射器、脸盆、催产素等常用手术助产器械。

（二）正常分娩的助产

分娩是母畜的正常生理过程，一般情况下，不需干预，助产人员的主要任务是，监视分娩情况护理仔畜，发现异常及时处理。

当胎儿头部露出于阴门之外，而羊膜尚未破裂(多见于马、牛、羊)，应立即撕破使胎儿鼻端露出，以防胎儿窒息。如羊水流尽，胎儿尚未产出，母畜阵缩及努责又弱时，可抓住胎头及两肢，随着母畜努责，沿骨盆轴方向拉出，倒生时，更应迅速拉出。

当胎头通过阴门困难时，尤其是当母畜反复努责的情况下，可帮助慢慢拉出，防止会阴破裂。站立分娩时，应用双手接住胎儿。分娩后脐带多自动挣断，一般不用结扎，但须用较浓的碘酊(5%～10%)消毒；牛产双胎时，第一个犊的脐带应行两道结扎，然后从中间剪断。仔畜产出后，鼻腔或口腔中黏液用清洁的干毛巾或纱布擦净，呼吸有困难的需进行人工呼吸。

(三)难产的救助

母畜分娩过程中，若产程过长或胎儿排不出体外，称为难产。由母体的异常引起的难产有产力性难产和产道性难产；由胎儿异常引起的难产称为胎儿性难产。产力性难产包括：阵缩及努责微弱(多见于老弱病残的牛、羊、猪)，阵缩及破水过早，子宫疝气等；产道性难产包括：子宫扭转、子宫颈狭窄、阴道及阴门狭窄及子宫肌瘤等；胎儿性难产包括：胎儿过大、双胎难产、胎儿姿势不正、胎位及胎向不正等。以胎儿性难产最为多见。发现母畜难产时，除检查母畜全身状况外，必须重点对产道及胎儿进行临床检查。然后对症救助。

产力性难产可用催产素催产或拉住胎儿的前置部分，顺着产畜的努责将胎儿拉出体外(图 3-67)。

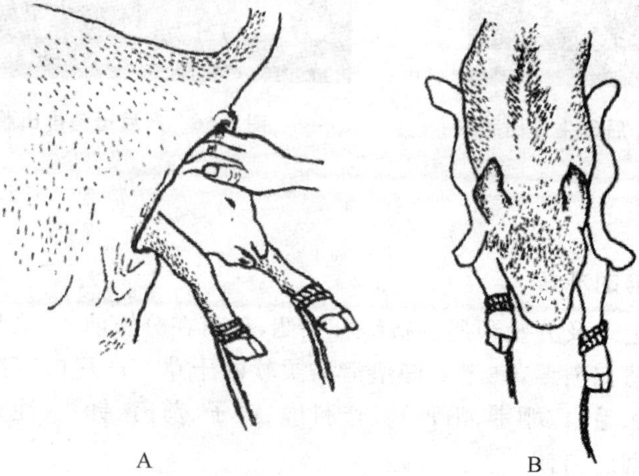

A　　B

图 3-67　助产牵引方向和方式示意图

A. 助产牵引方向　B. 交替用力拉出

胎儿过大引起的难产，可行剖腹产术或将胎儿强行拉出的办法救助；如胎位、姿势不正引起的难产可行纠正其胎位、胎向和胎势的办法助产。

产道轻度狭窄造成的难产，可向产道内灌注石蜡油，然后缓慢地强行拉出胎儿，并注意保护会阴，防止撕裂，如胎儿死亡，可施行截胎手术，将胎儿分割拿出。

四、初生仔畜的护理

仔畜产出后，应先用毛巾擦干口腔中和鼻腔中的黏液，再擦干仔畜身体。牛、羊也可以让母畜舔干。仔猪放入保温箱内，温度30℃。然后用5%～10%的碘酒消毒脐带断口，在距胎儿腹部3～5 cm结扎脐带，并剪断。接着，称量初生重，做好编号，登记等，在1 h内让仔畜吃上初乳（图3-68，图3-69）。

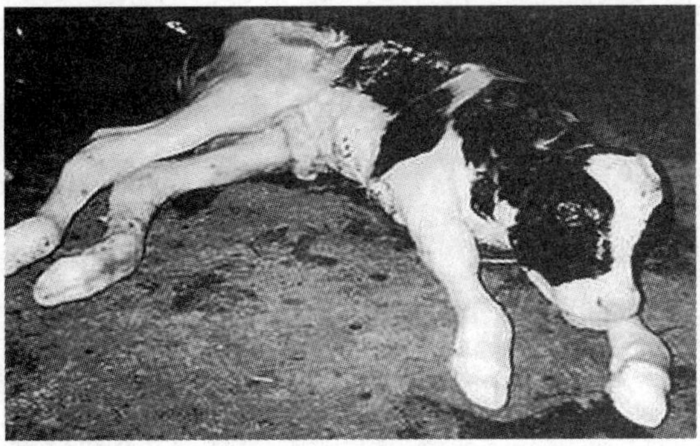

图3-68 初生犊牛

图3-69 初生仔猪

五、产后护理

母猪产后8～10 h内原则上可不喂料，只喂给麸皮汤或调的很稀的汤料。产后3～4 d内不让母猪吃饱，5 d后逐渐加料，5 d后可自由采食，敞开供给。母猪产后很疲惫，需要休息，在安排好仔猪吃足初乳的前提下，应让母猪尽量多休息，以便迅速恢复体况。

母牛分娩后，要检查胎衣排出是否完全，如子宫有残留部分，应及时处置。及时取走胎衣，防止被母牛吃掉，引起消化机能紊乱。此后母牛还会从阴道排出恶露，一般15～17 d即可停止。因此，产后一段时间要注意母牛外阴的清洁和消毒，防止蚊蝇起落；褥草要勤换，保持干净卫生。

母羊分娩后应注意保暖、防潮，给母羊戴上护腹带，避免贼风，预防感冒，并使母羊安静休息。产后1 h左右，应给母羊饮水，第一次不宜过多，一般为1～1.5 L，水温在 12～15℃，切忌给母羊饮冷水。

【思考与训练】

1. 对牛、猪、羊等公畜精液采集方法是怎样的？
2. 公畜精液怎样进行保存与运输？
3. 公畜精液实验室品质检验方法是怎样的？
4. 对各种母畜输精的技术操作是怎样的？
5. 对畜禽冻精解冻技术、精液的稀释技术是怎样的？
6. 母畜发情如何进行鉴定？
7. 母畜人工输精技术是怎样的？
8. 如何诊断母畜的妊娠？
9. 母畜分娩的助产技术是怎样的？

模块四　家禽繁殖技术

导读

家禽繁殖技术是充分利用优秀种公禽、提高种蛋受精率、扩大优秀种禽基因库，加快品种改良与育种效率的重要手段。模块四为公禽精液采集与处理技术、精液品质检验、家禽的输精技术。

项目十　公禽精液采集与处理技术

任务 35　公禽精液的采集

【学习目标】

针对种禽场、畜禽繁殖场、育种场及改良场等部门岗位技术任务要求，掌握对公禽精液采集前的准备工作，掌握公禽精液采集方法。

【操作与实施】

一、公禽精液采集前的准备工作

(一)种公禽的准备

1. 种公禽的选择

(1)种公鸡的选择

①选择第二性征明显的公鸡。公鸡的第二性征主要表现为：冠部比较大，颈羽和鞍羽部长而尖，尾羽特别长，羽毛有较强的光泽，啼鸣声音洪亮，且争胜好斗。

②选择性反射强的公鸡。散养公鸡，遇到母鸡能主动寻找交配个体。笼养公鸡，选择每天啼鸣早，声音洪亮且持续时间长，泄殖腔大而松软，看到母鸡或工作人员活泼、好动者。

③选择采精训练成绩较好的公鸡。初选一般在 60～70 日龄，按公、母(1∶15)～(1∶20)的比例选留。第二次选择，蛋鸡在 6 月龄，兼用品种和肉用品种在 7 月龄，按公、母(1∶30)～(1∶50)选留。一般情况下，种公鸡应发育到 22～26 周龄进行采精。

(2)种公鸭的选择　种公鸭应选留体质健壮、生长发育匀称、雄性特征明显的个体。同时选择生殖器长而粗、伸缩自如、性欲旺盛、精液品质优良的留作种用。

2. 采精训练

(1)种公鸡的采精训练

①剪去备选公鸡肛门周围的羽毛，按种公鸡的管理要求单笼饲养1～2周，保证每天14～15 h的光照时间。

②单笼饲养1～2周后，采用按摩采精法进行采精训练，每天1～2次，一般过3～5 d训练后即可采到精液。

③在采精训练中，对于性反应迟钝者应加强训练或及时作淘汰处理；对精液品质不符合要求或在射精同时有排粪的公鸡，均要作淘汰处理。

(2)种公鸭的采精训练　开始采精前2～4周投入单笼饲养。对已隔离饲养的种公鸭，按采精操作要求进行采精训练，每天1～2次，连续7～10 d，直至采到精液。对采出的精液及时进行品质鉴定，选留精液量多、品质符合要求者做种用。公鸭经多次调教对母鸭无反应及排精时有排粪者应淘汰。引起公鸭性兴奋的部位是在髋关节后上方的髂骨区。

(二)器具的准备

1. 集精杯

鸡常用实柄有色小玻璃漏斗形集精杯；鸭、鹅常用5 mL的有色离心管或杯(图4-1)。采精杯如无特制品，可用石蜡封闭中间小孔的漏斗代替。

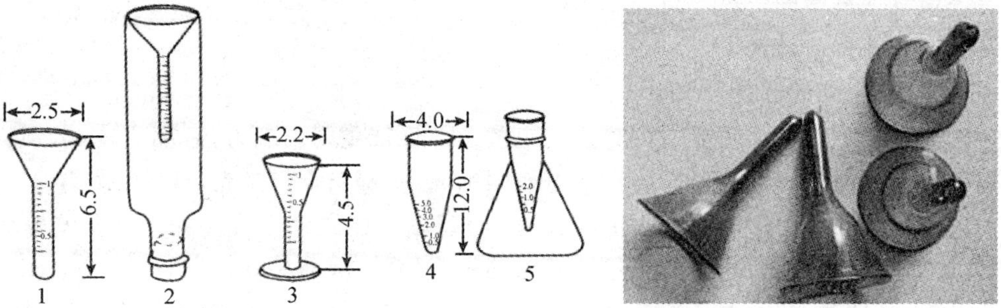

图4-1　家禽集精杯(单位:cm)

1、2、3. 鸡用集精杯　4、5. 鸭、鹅用集精杯

2. 贮精器

常用小玻璃试管或小离心管。

3. 保温杯

可用普通小型广口保温瓶，瓶塞用泡沫塑料块或橡皮块，并打上4个小孔，分别插入贮精管和温度计，杯底垫棉花。瓶中灌入30～35℃温水，瓶口盖纱布，作临时性或短期保存精液用（图4-2）。

图 4-2　家禽贮精保温杯

除上述器具外，还应配备恒温干燥箱、显微镜、消毒锅、毛剪等。在进行采精前要将采精、输精所用器材用洗涤剂进行彻底冲洗，并煮沸消毒或蒸汽消毒，烘干备用。

二、公禽精液采集方法

（一）鸡的背腹式按摩采精法

1. 双人采精法

保定员用双手各保定住公鸡的一条腿，使其自然分开，两手的两个拇指扣住公鸡的两翅膀，鸡头轻夹在保定员的腋下，使公鸡尾部朝向采精员。采精员左手拇指为一方，其他四指为另一方，从鸡翼根部沿体躯向两侧滑动，推至尾脂区，如此反复按摩数次，即可引起公鸡的性欲。采精员的右手中指和无名指之间夹着集精杯，杯口朝内或朝外。按摩数次之后，立即以左手掌将尾羽拨向背部，同时右手掌紧贴公鸡腹部柔软处，拇指与食指分开，于耻骨下缘抖动触摸若干次，当泄殖腔外翻露出退化的交配器时左手拇指，与食指立即轻捏并挤压泄殖腔上缘，公鸡立即射精，右手迅速用集精杯收集精液。采集到的精液置于38℃左右的水浴中保存待用。配种季节在对种公鸡加强饲养管理的前提下可隔日采精1次。

2. 单人采精法

从鸡笼里抓出的公鸡，左手抓住鸡双翅膀，右手抓住双腿，操作者做在事先准备好的小方凳上，并把鸡的双腿交叉夹在操作者双腿里，使鸡头向左北朝上。采精者左手掌心向下，紧贴鸡的腰背，向尾部做轻快而有节奏的按摩。同时右手接过采精杯，用中指和无名指夹住，杯口朝外，拇指与其余四指分开放在公鸡的趾骨下方，做腹部按摩准备。当左手从公鸡背部向尾部按摩，公鸡出现泄殖腔外翻，或呈交尾动作（性反射）时，用按摩背部的左手掌迅速将尾羽压向背部，并将拇指与食指分开放于泄殖腔上方，做积压准备。同时用右手在鸡腹部进行轻而快的抖动按摩，当泄殖腔外翻，露出勃起的退化阴茎时，左右拇指与食指立刻捏住泄殖腔外缘，轻轻压挤，当排精动作出现时，夹着采精杯的右手迅速翻转，手背朝上，将采精杯放在泄殖腔下边，配合左手将采精液收入采精杯内。如此方法重复2～3次即完成每只公鸡的采精。公鸡的正常精液为乳白色，每只公鸡每次可采精0.5～1 mL。每天或隔天采精1次。

(二)鸭、鹅的采精

1.背腹式按摩法

采精时,采精员坐在凳子上,将公禽放于膝上,尾部向外,头部夹于左臂下。助手位于采精员右侧保定公禽双脚。采精员左手掌心向下紧贴公禽背腰部,自背部向尾部按摩,同时用右手手指把握住泄殖腔环按摩揉捏,一般8~10 s即可。待阴茎充分勃起的瞬间,正在按摩的左手拇指和食指自背部下移,轻轻压挤泄殖腔上1/3部,使精沟完全闭合,精液便会沿着输精沟自阴茎顶端射出。右手持集精杯顺势接取精液,并以左手反复挤压直至精液完全排出。鸭每次射精量为0.6~1.2 mL,鹅每次射精量为0.5~1.3 mL。鸭、鹅一般隔日采精一次为宜。

2.假阴道法

用台鸭(鹅)对公禽进行诱情,当公鸭(鹅)爬跨台鸭(鹅)伸出阴茎时,采精员迅速将阴茎导入假阴道内,获取精液。

3.台禽诱情法

首先将产蛋的母鸭(鹅)固定在诱情台上,将公鸭(鹅)放出,凡经过调教、性欲旺盛的公禽即会马上爬跨,当公鸭(鹅)阴茎勃起伸出交尾时,采精人员迅速将阴茎导入集精杯获取精液。

(三)公禽采精的注意事项

1.保持公鸡健壮

精液中精子浓度低或精子活力不高,死精和畸形精子多是影响受精率的重要因素。有些公鸡射精量虽少,但精子浓度和精子活力都很高,输精量低仍能取得很高的受精率。因此,必须对公鸡的精液品质进行定期检查,以淘汰精液品质差的公鸡,并加强饲养管理,保证公鸡健壮、精液品质好。

2.采精操作

(1)将公禽从笼内抓出时动作要轻,抓出公禽后要立即进行采精操作,防止公禽过分挣扎,精液自动流失。

(2)采精人员要相对固定,采精的熟练程度、手势和压迫力的不同都影响采精量和品质,所以最好固定采精员。

(3)挤压生殖器不可太猛,防止生殖器出血,污染精液。注意一些性反射较快的公禽,每天要先采这部分,否则等采完其他公禽,再采这部分就采不到精液了。

(4)建立公禽采精制度,不能因为某些公禽好用就多用,要坚持隔日采精。

(5)公禽采精前3~4 h停食,防止公禽过饱时采精排粪,污染精液。收集精液时不要将粪便、羽毛等混入集精杯内，以免造成精液污染，影响精子活力。

(6)精液存放时间越长活力越低，受精率也越低，因此如果是原精液输精，必须在采出精液后半小时内输完。如需短期保存后输精，应做好精液的稀释和保存。

任务 36　公禽精液的品质鉴定及处理方法

【学习目标】

针对种禽场、畜禽繁殖场、育种场及改良场及检验室等部门岗位技术任务要求，掌握公禽精液品质评定方法、精液稀释与保存方法。

【操作与实施】

一、公禽精液品质评定

(一)外观检查

外观检查包括精液的颜色、黏稠度和污染程度。正常的公禽精液呈乳白色不透明的黏稠液体，无味或略带有腥味。混有血液的精液呈粉红色，被粪便污染的精液为黄褐色，被尿酸盐污染时则呈白色棉絮状，透明液过多的精液稀薄、清亮、分层。凡外观不合格的精液均应弃之不用。对产生不合格精液的公禽应停止采精，并查明原因，采取相应的措施。

(二)精液量及密度检查

公禽的射精量可用有刻度的吸管、带刻度的集精杯或 1 mL 一次性塑料注射器测定。与家畜相比，家禽的射精量小，但精子密度较大。正常情况下，1 只公鸡 1 次可以采得 0.3～0.5 mL 精液。各种家禽的射精量因禽种、品种、个体、年龄、季节、采精技术的不同而有差异。主要家禽的 1 次射精量和精子密度见表 4-1。

表 4-1　家禽的射精量和精子密度

禽种	射精量/mL	密度/(亿个/mL)	禽种	射精量/mL	密度/(亿个/mL)
鸡	0.4～1	25～40	火鸡	0.25～0.4	70～80
鸭	0.1～1.2	10～60	北京鸭	0.1～0.8	26
鹅	0.2～1.5	3～25	番鸭	0.4～1.9	5～20

精子密度检查可用血细胞计数板计数，此法精确，但操作麻烦，故一般采用估测法将精子密度分为密、中、稀三等。要求输精的精子数在30亿个/mL以上。取原精液1滴置于载玻片上，放上盖玻片，在400倍显微镜下观察：整个视野布满精子，精子间几乎无间隙，则为密，精子数40亿个/mL以上；精子间有1～2个精子空隙，则为中，精子数20亿～40亿个/mL；有较大空隙，则为稀，精子数20亿个/mL以下。

(三)精液的酸碱度(pH)

使用精密pH试纸或酸度计进行测定。新鲜的家禽精液呈弱碱性，一般pH为6.2～7.4，鸡pH为7.0～7.6，鹅pH为6.9～7.4。当pH<6.0时，会使精子运动减慢，pH>8.0时，精子运动加快，都会严重影响精子的活力，从而影响受精率。

(四)精子活力及畸形率检查

通常活力检查应在采精后20～30 min完成，时间过长，则影响结果的准确性，也可稀释后进行活力检查。具体方法为：取精液及生理盐水各1滴置于载玻片上混匀，加上盖玻片；在37～38℃条件下于200～400倍显微镜下观察精子的活力，以直线前进运动的精子占总精子的比例评定精子活力为1.0、0.9、0.8、0.7……一般公鸡新鲜精液的精子活力都在0.8以上，要求输精的精子活力至少达到0.5以上。观察时要注意将原地转圈、倒退或原地抖动的精子与直线运动的精子相区别，活力低下的精液不能作为人工授精用。

畸形率的检查方法与家畜相同，但家禽的畸形精子以尾部畸形居多，如尾巴盘绕、折断和无尾等。正常公鸡的精液中畸形精子占总精子数的5%～10%。取精液1滴于玻片上，抹片，自然干燥后，用95%酒精固定1～2 min，冲洗，再用0.5%龙胆紫(或红、蓝墨水)染色，3 min后冲洗，干燥后即在400～600倍显微镜下检查，数出300～500个精子中有多少个畸形精子，计算百分率。

二、精液稀释与保存

精液的稀释是指在精液里加入一些配制好的适于精子存活并保持受精能力的溶液。精液稀释后可扩大精液量，提高与配母禽数量，同时便于输精操作、精液的保存和运输。

(一)精液稀释

精液采下后应保温并尽快进行稀释，稀释时稀释液的温度要与精液的温度相同。常用稀释液有10%新鲜牛奶、1%生理盐水、5.7%葡萄糖等。家禽常用稀释液成分见表4-2。一般家禽精液的稀释倍数以1～4倍为宜。常温保存(18～22℃)

情况下，稀释比例一般为(1∶1)～(1∶2)。

表 4-2　家禽精液常用稀释液的成分　g

名称	Lake 液	BPSE 液	Macphersor 液	磷酸盐缓冲液	等渗葡萄糖液	生理盐水
葡萄糖			0.15		5.7	
果糖	1.0	0.5				
乳糖			11.00			
一水谷氨酸钠	1.92	0.867	1.380 5			
六水氯化镁	0.068	0.034	0.024 4			
醋酸钠	0.857	0.43				
柠檬酸钠	0.128	0.064				
磷酸二氢钾		0.065		1.456		
三水磷酸氢二钾		1.27		0.837		
TES		0.195				
氯化钠						0.9

备注：各稀释液除加表中成分外，再加 100 mL 蒸馏水。

采精后应尽快稀释，将精液和稀释液分别装于试管中，并同时放入 35～37℃保温瓶中或恒温箱中，使精液和稀释液的温度相同或接近。稀释时应将稀释液沿盛有精液的试管壁缓慢加入，轻轻转动，使两者混合均匀。若高倍稀释应分次进行，防止突然过急改变精子环境。

家禽的精液采出后，如不作保存，可选用简单的稀释液进行稀释，并放在 30～35℃的保温瓶内，在 30 min 内输精完毕。若母鸡群规模大，需要将精液稀释后低温保存。

(二)精液保存

1. 常温保存

新鲜精液常用隔水降温。18～20℃时，保存不超过 1 h 即用于输精的，可使用简单的无缓冲液的稀释液稀释。目前，我国常用的是生理盐水或复方生理盐水，后者更接近于血浆的电解质成分，稀释效果更好些，稀释比例一般为 1∶1。

2. 低温保存

即稀释精液在 0～5℃下保存 5～24 h(或至 48 h)，可选用简单稀释液，最好使用 BPSE 液等缓冲溶液来稀释，稀释比例可按 1∶(1～2)，甚至 1∶(4～6)，稀释液的 pH 宜为 6.8～7.1。据报道，在 2～5℃环境下保存 24 h 再输精，输精后 2～8 d，种蛋受精率超过 90%，与新鲜精液的受精率很接近。

项目十一　家禽的输精技术

任务37　鸡的人工输精技术

【学习目标】

针对种禽场、畜禽繁殖场、育种场及改良场及检验室等部门岗位技术任务要求，掌握鸡的输精前的准备工作、鸡的输精技术。

【操作与实施】

一、鸡的输精前的准备工作

(一)母鸡的选择

输精母鸡应是营养中等，泄殖腔无炎症的健康母鸡。输精前应对母鸡进行鸡白痢检疫，呈阳性反应者应淘汰。开始输精的最佳时间应为产蛋率达到70%以后。

(二)输精器具及用品准备

准备输精枪或输精管，可用一次性注射器，也可用带橡皮吸头的普通滴管或微量吸管(图4-3、图4-4)。还应准备保温瓶、温度计、精液或稀释精液、酒精棉球等用品。

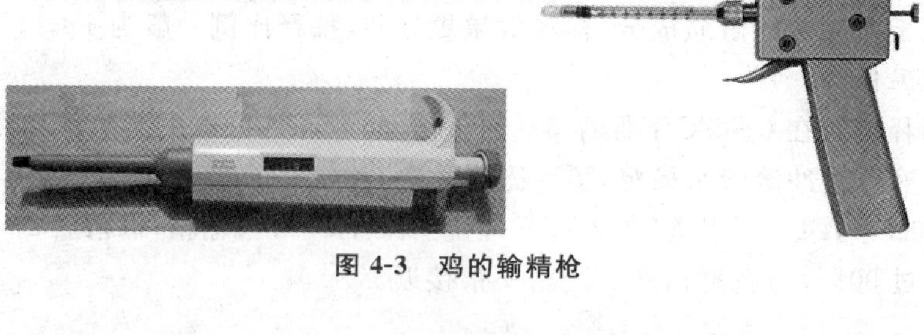

图4-3　鸡的输精枪

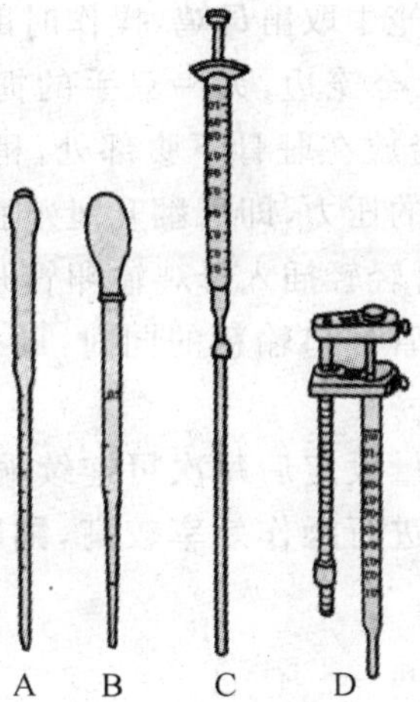

图 4-4　鸡的输精器

A、B. 有刻度的玻璃滴管　C. 前端连接无毒塑料管的 1 mL 玻璃注射器　D. 可调注射器

二、鸡的输精技术

（一）输精操作

鸡一般采用阴道输精法，助手用左手握住母鸡的双翅根部，将其尾部上抬，右手掌贴于母鸡后腹部，拇指放在泄殖腔左侧，其余 4 指放在泄殖腔右侧，稍加压力，泄殖腔即可外翻，泄殖腔左上隆起部为输卵管的阴道口即输卵管开口（图 4-5）；输精员将吸有精液的胶头滴管对准输卵管开口中央，轻轻插入 1～2 cm（中型蛋鸡和肉鸡阴道部较长，应插入 2～3 cm），挤出精液，拔出滴管；同时，助手的右手放松对母鸡腹部的压力即可（图 4-6）。

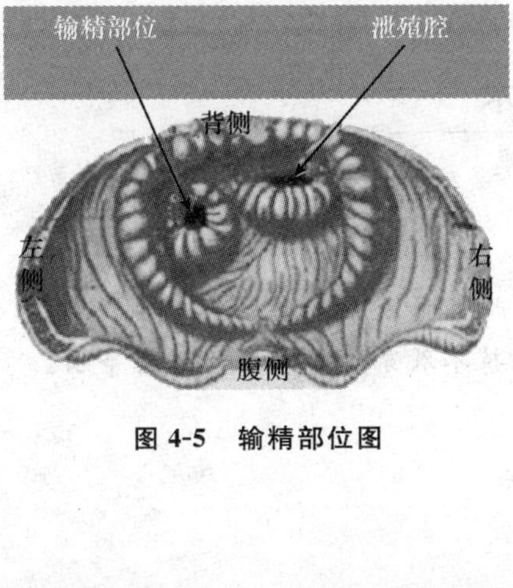

图 4-5　输精部位图

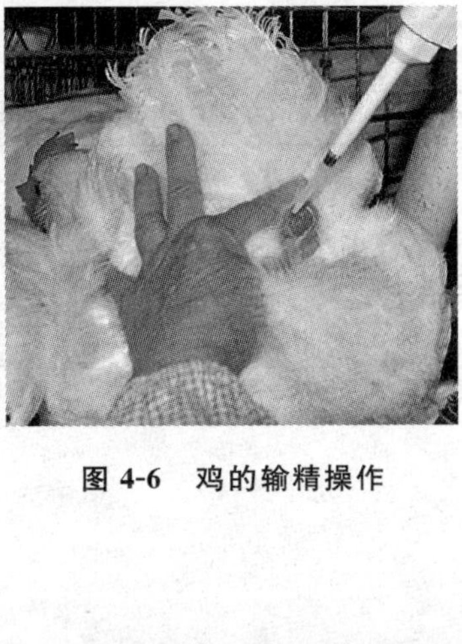

图 4-6　鸡的输精操作

笼养母鸡输精时，不必从笼中取出母鸡，操作时助手左手伸入笼内抓住母鸡双腿，鸡头朝下，泄殖腔向上，拉至笼边，另一只手的拇指和食指横跨泄殖腔上下两侧，施巧力按压泄殖腔，或拇指放在耻骨下腹部处，稍施压力或右手掌置于母鸡耻骨下，在腹部柔软处施以一定的压力，即可翻开泄殖腔，露出输卵管开口。此时，输精员立刻将吸有精液的输精管轻轻插入母鸡输卵管开口注入精液。输精时两人应密切配合，在输精管插入输卵管开口输精的同时，助手快速松手，解除对母鸡腹部的压力，才可成功输入精液。

如采用输精枪输精，将剂量设定后每次可连续输 15～20 只母鸡，提高了输精效率，剂量准确。由 3 人 1 组进行操作效率较高，翻肛人员站在两端，轮流抓鸡翻肛，输精员站在中间来回输精。

(二)输精剂量、次数及时间

一般蛋用母鸡产蛋盛期，每次输入原精液 0.025 mL(含有效精子 0.5 亿～1 亿个)，每 5～7 d 输精 1 次；产蛋中后期每次输精 0.05 mL，每 4～5 d 输精 1 次；肉用母鸡在产蛋盛期，每次输入 0.03 mL，每 4～5 d 输 1 次；产蛋中后期每次输精 0.05 mL，每 4 d 输 1 次。对老龄母鸡应比年轻母鸡输入更多有效精子数或者间隔时间缩短 1～2 d；母鸡首次输精，应输入 2 倍的输精量或每只母鸡连续输 2 d，以保证受精所需的精子数，提高种蛋受精率。输精后 48 h 即可收集种蛋。

输精时间应在禽群大部分母禽产蛋之后，或母禽产蛋前 4 h，或产蛋 3 h 后输精。鸡一般在 16:00～17:00 输精，此时鸡群产蛋基本结束，受精率可达 90%以上，但目前生产上多在 15:00 左右开始输精为宜。产蛋盛期的母鸡，间隔 4～5 d 输精 1 次最为适宜。间隔过长，会使受精率下降。母鸡自输精之日起第 3 天开始收集种蛋。

任务 38 鸭、鹅的人工输精技术

【学习目标】

针对种禽场、畜禽繁殖场、育种场及改良场及检验室等部门岗位技术任务要求，掌握鸭、鹅的输精前的准备工作、输精技术及家禽人工输精注意事项。

【操作与实施】

一、鸭、鹅输精前的准备工作

(一)输精母鸭、鹅的准备

蛋用种母水禽的选择标准:头颈细长,眼亮有神,喙长而直,身长背阔,胸深腹圆,后躯宽大,耻骨扩张,羽毛致密,两翅紧贴,爪稍粗短,蹼大而厚,健康结实,体不过肥,活泼好动,生殖器官发育良好,腹部容积大,两耻骨之间的距离在三指以上,俗称"三指裆"。

肉用种母水禽的选择标准:体形呈梯形,背略短宽,腿稍粗短,羽毛光洁,头颈较细,腹部丰满下垂,耻骨开张,繁殖力强。

(二)输精器具及用品准备

输精器、精液、酒精棉球、输精台等,并做好器具的消毒、灭菌。

二、鸭、鹅输精技术

(一)输精操作

通常采用直接插入阴道法进行输精。具体操作为:助手用双手分别握住母禽的两腿和两翅尖呈自然宽度,将其固定在输精台上;输精员面向鸭、鹅的尾部,右手持输精器,左手四指并拢将尾羽拨向左侧,大拇指紧靠着泄殖腔下缘轻轻按压,使泄殖腔张开,右手将输精器插入后,再向左下方插进 4~6 cm,注入精液;推注精液时,助手慢慢松手以降低腹压,防止精液倒流,并使泄殖腔缩回。鹅产蛋时间不规律,不论何时输精均会发现有些鹅只产道内有蛋未产出,故操作时须小心,以免鹅蛋破裂而使生殖道受伤。

对于阴道口比较紧的母禽(如母番鸭等),也可采用手指引导输精法输精。具体操作为:助手用双手抓住母禽翅膀根部、将母禽固定在输精台上;输精者先用浸有生理盐水的棉球清洁肛门,再用左手食指从泄殖腔口轻轻插入泄殖腔探测,向泄殖腔左下侧找到阴道口,同时将输精器的头部沿着左手食指的方向插入阴道口 3~7 cm,然后将食指抽出扶住输精器,右手将精液慢慢注入,抽出输精器,助手将母禽轻放在地上。

此法仅食指插入探测,操作简单,母禽不会过度挣扎。手指探测须有技巧,否则不易测知阴道口,不能看到精液注入阴道;如果注入器的活塞未固定好,精液在到达阴道前即已漏失。

(二)输精剂量、次数及时间

鸭原精输精量为0.05～0.08 mL;1∶1稀释精液输精量应为0.1 mL,每次输入有效精子0.5亿～0.8亿个,最好使用2～3只公鸭的混合精液输精,这样比单只公鸭精液输精受精率高。第1次输精时,输精量可加大1倍或第2天重复输精1次。一般公番鸭与母麻鸭杂交有效精子数在7 000万～9 000万个时受精率最佳。北京鸭与麻鸭人工授精,有效精子数5 000万个就能得到较高受精率。鹅原精输精量为0.03～0.08 mL;稀释精液,每次输精量为0.1 mL,每次输入有效精子数为0.2亿～0.8亿个。首次输精时输精量应加倍。

时间一般选在上午大部分鸭、鹅产蛋后进行。鸭一般在早上或夜间产蛋,因此适宜的输精时间应安排在上午,但也有报道称下午输精好。番鸭产蛋在4:00～10:00,以下午输精好。鹅产蛋时间大多在早晨或上午,因此,输精通常安排在16:00～18:00进行。鸭输精间隔时间以5～7 d为宜,而不同品种鸭之间进行人工授精时需要缩短间隔时间。鹅根据实际情况而定,一般5～6 d输精1次,受精率可达80%以上;每隔4 d输精1次,受精率可维持在90%以上。

三、家禽人工输精注意事项

1.输精人员要相对固定

由于人工输精的技术训练程度不同,不同的输精员所造成的家禽受精率差异较大,为保证娴熟、迅速、足量、准确地输精,减少鸡群应激,提高工作效率,确保种蛋受精率,应固定专人输精。

2.动作要轻缓,防止应激

在抓母禽和输精时,动作要轻缓,防止应激,尤其是刚开始输精时,因母禽尚未建立起条件反射,故应尽量减少母鸡的恐惧感,否则不仅输精母禽及同笼母禽(鸡)惊恐不安,还会引起同舍禽群的骚动。

3.翻肛施压部位及力度

当给母鸡腹部施以压力时,一定要着力于腹部左侧,因输卵管位于泄殖腔左侧上方。若着力于直肠开口的腹部右侧,容易引起排粪,既造成污染又影响输精速度。翻肛挤压力度要适中,力量过小露不出输卵管开口,用力过猛过大会使泄殖腔过分突出,以致直肠开口掩盖住输卵管开口,还可能伤到母禽。专人翻肛时,应尽量缩短倒置时间,采食量大的母鸡,尤其是肉用鸡倒置时间过长,容易引起食水外溢,使鸡呼吸困难、窒息,严重的会导致死亡。

4.勿损伤输卵管壁

插入输精器时须对准输卵管开口中央,且动作要轻,切勿斜插或插入过深,否则，不仅精液容易外流，而且，更容易损伤输卵管壁，造成输卵管炎。不要输入空气或气泡。在输精器插入阴道前，若发现其前端有空气柱时应将其排出，否则后输入的精液会包裹先输入的空气柱而形成气泡，使精子死亡或引起精液外流，使用连续输精枪输精可避免输入空气。

5. 输精深度应适当

一般轻型蛋鸡采用浅阴道输精，即插入阴道 1～2 cm；中型蛋鸡或肉种鸡，应插入阴道 2～3 cm 输精；如果母鸡产蛋率下降或精液品质较差时，可采用中阴道输精，即插入 4～5 cm。由于母鹅泄殖腔较深，阴道口插入深度可达 0～7 cm。

6. 首次输精应保证足够的有效精子数

在首次输精时应检查精液保存是否完好、精液质量是否合格，确保输入有效足量的精子数。

7. 助手与输精员应密切配合

当输精器插入的一瞬间注入精液的同时，助手应立即放松对母鸡腹部的压迫，保证精液全部输入。

8. 要防止漏输，要及时挑出病鸡

感觉到输卵管中有未产出的蛋时，不要输精，做适当标记并记录，待蛋产出后输精，或隔日输精。若挤压破碎会导致停产，甚至会造成母鸡死亡。

9. 遵守无菌操作，严防病原传播

为防止交叉感染，最好采用一次性输精器，但影响输精速度；如采用输精胶头滴管，每输 1 只母鸡应用消毒药棉擦拭输精管尖，但消毒不够彻底。如用输精专用的消毒纸巾擦拭输精管，消毒效果较好。

【思考与训练】

1. 公鸡、公鸭等公禽精液采集与处理技术是怎样的？

2. 如何选留人工授精用的种公鸡、种公鸭？

3. 公禽精液的品质鉴定及处理方法是怎样的？

4. 家禽的输精技术是怎样的？

模块五　胚胎移植技术

项目十二　同期发情技术

项目十三　超数排卵技术

项目十四　移植胚胎技术

导读

胚胎移植技术可使优秀母畜最大限度地发挥品种改良和在育种中的作用，在加快牛羊等特定品种的扩繁速度、缩短世代间隔及育种进程等的家畜品种改良中具有重要意义。模块五为同期发情技术、超数排卵技术、移植胚胎技术。

项目十二　同期发情技术

任务39　牛同期发情处理技术

【学习目标】

针对家畜繁殖场、育种场及改良场等部门岗位技术任务要求，学会对牛的同期发情处理方法，牛同期发情技术操作，掌握供体牛、受体牛的同步发情技术程序及受体牛选择技术。

【操作与实施】

一、牛的同期发情处理方法

(一)孕激素法

1.孕激素及处理方法

孕激素法可以维持母畜孕激素水平从而抑制发情，改变发情周期。一旦停药，孕激素水平下降引起发情。常用的孕激素及处理方法见表5-1。

表5-1　用于牛同期发情的孕激素

药物	方法
孕酮	每日注射
孕酮	阴道海绵栓塞
孕酮	阴道释放装置(PRID)
孕酮	内部药物释放控制器(CIDR)
甲孕酮(MAP)	口服
氯地孕酮(CAP)	口服
甲酰苯酚二羟孕酮(DHPA)	口服
十六甲基甲孕酮(MGA)	口服

MAP较常用,每日注射可抑制发情,MGA口服比MAP效力大300～900倍,0.5 mg/头即可抑制母牛发情和排卵。饲喂MGA水平与撤除MGA后的发情时间有关,MGA用量小的母牛出现发情比用量大的母牛快。饲喂MGA的时间有长有短,但时间超过14 d受胎率会降低。CAP和DHPA长期处理后受胎率也下降。受胎率低是暂时的,只限于停药后2～4 d内发情配种者。

2. 孕激素埋植法

将一定量的孕激素制剂装入塑料细管中,管壁钉小孔,便于药物向外释放,利用套管针或者专门埋植器将药管埋入耳背皮下,经过一定天数,在埋植处做切口将药管挤出,同时注射PMSG 500～800 IU。亦可将药装入硅橡胶管中埋植。硅橡胶有微孔,药物可渗出(图5-1)。药物用量依种类而不同,18-甲基炔诺酮为15～25 mg。

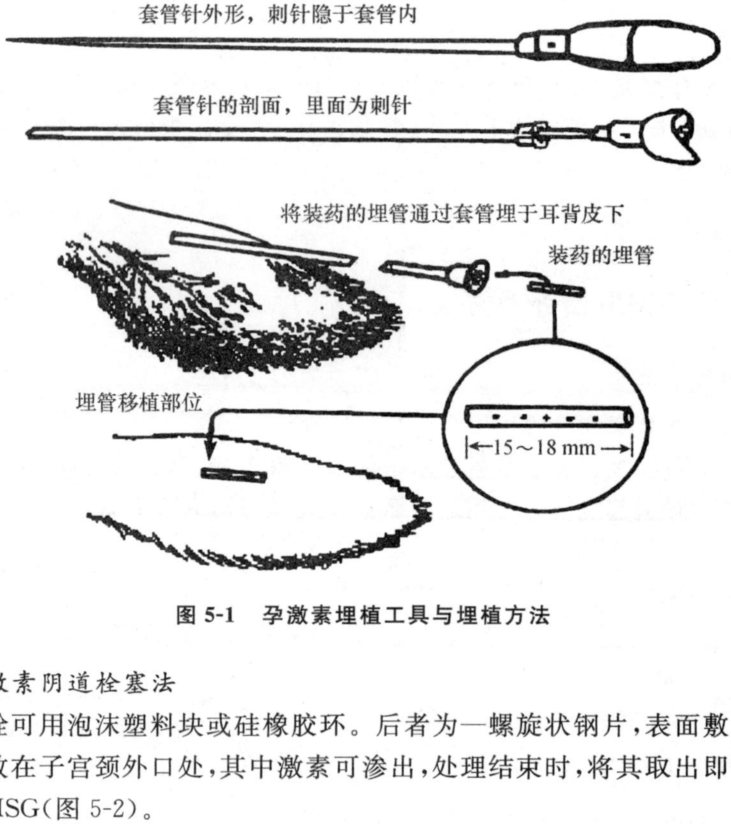

图5-1 孕激素埋植工具与埋植方法

3. 孕激素阴道栓塞法

阴道栓可用泡沫塑料块或硅橡胶环。后者为一螺旋状钢片,表面敷以硅橡胶。将硅橡胶放在子宫颈外口处,其中激素可渗出,处理结束时,将其取出即可,或同时注射以PMSG(图5-2)。

图 5-2　牛用孕酮阴道栓及放栓枪

孕激素的处理有短期(9～12 d)和长期(16～18 d)两种,长期处理后,发情同期率较高,但受胎率偏低。短期处理后,发情同期率较低,(一部分母牛可能仍处于自然黄体期),而受胎率接近或相当于正常水平。如在短期处理开始时,肌肉注射3～5 mg 雌二醇(可使黄体提前消退和抑制新黄体的形成)和 50～250 mg 的孕酮或生理效能与此相应的其他孕激素制剂(阻止即将发生的排卵),这样就可提高发情同期化的程度。使用硅橡胶时环内附有胶囊,内装雌二醇和孕激素,以代替注射。胶囊在体内很快融化,其中激素即进入体组织。

孕激素处理结束后,在第 2、3、4 天内大多数母牛有卵泡发育并排卵。

(二)孕激素与雌激素配合法

孕激素处理不超天数的,受胎率不会降低。但为使短期处理有效,还需要配合溶黄体制剂,在发情周期的早期给母牛注射雌激素可溶解黄体。

(三)孕激素结合 $PGF_{2\alpha}$处理方法

目前采用的孕激素短期处理和 PG 一次处理,母牛的发情率均较低,因而又发展了孕激素结合 PG 的处理方法。该法是先用孕激素处理 7～12 d,结束处理前 2～3 d 肌肉注射 PG。该法的处理依据是:经过 7～12 d 的孕激素处理,处于排卵后 5 d 的母牛其黄体已经发育至少 5 d,已对 PG 敏感。这种方法亦能引起没有发情周期的青年肉母牛的同期发情。

(四)前列腺素及其类似物(PG)法

PG 法是当今同期发情普遍应用的方法之一,它的优点是方法简便、安全、剂量小、效果明显(同期发情反应率和同期受胎率都比较高)。特别是前列腺素类似物,如氯前列烯醇的价格也较低,广大养殖户易于接受。

前列腺素的投药方法有子宫注入(用输精导管)和肌肉注射。前者用药量较少,效果明显,但注入有时较为困难,青年母牛和小型牛尤甚;肌肉注射虽操作容易，但用药量需适当增加，否则得不到应有的效果。此外，前列腺素处理法只有当母牛在第 5～18 天（有功能黄体期）时才能产生发情反应（图 5-3）。对于周期第 5 天以前的新生黄体，前列腺素并无溶解作用。因此，用前列腺素处理后，总有少数牛无反应，对于这些牛需做第二次处理。有时为了使一群母牛有最大程度的同期发情，第一次处理后表现发情的母牛不予配种，经 10～12 d 后，再对全群牛进行第二次处理，这时第一次处理后无反应的母牛和有反应的母牛均处于周期的第 5～18 天之内，故在第二次处理后母牛同期发情率显著提高。用前列腺素处理后，至出现发情的时间，一般比孕激素处理晚 1 d，即多数在处理后第 3～5 天发情。因为从投药至黄体溶解需要将近 1 d 的时间。

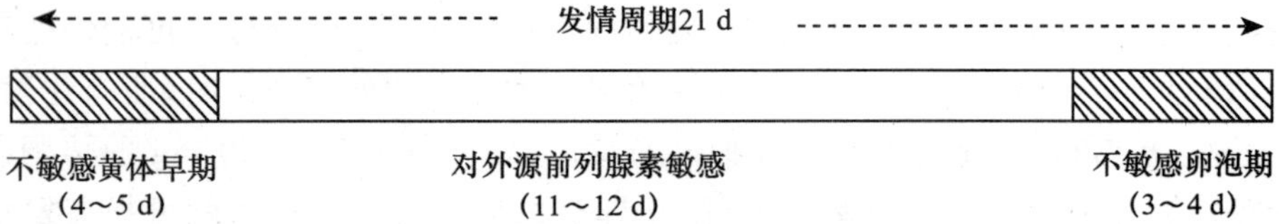

图 5-3 母牛发情周期中对前列腺素的敏感时期

单独使用 PG 进行同期发情的方法有两种：

1. $PGF_{2\alpha}$一次注射法

PG 肌肉注射是最简单的同期发情方法。氯前列烯醇的用量为 0.4～0.6 mg/头。在理论上，一次 PG 注射会使大约 66.6%的牛发情；实际上，PG 仅可使 90%～95%的成熟黄体消退，这样就只有 60%的注射一次 PG 牛的黄体消退并排卵，另外这些动物中也并不是全部有表现出发情的迹象，即使有发情迹象出现，也并不一定全被检测到。最后，实际操作中大约 55%的牛在注射一次 PG 后可观察到发情。

2. $PGF_{2\alpha}$两次用药

一次处理仅有 70%的母牛有反应，因此发展了间隔 11～12 d 两次用药的方法，第二次用药的量与第一次的相同。在这个时间点上，在理论上，全部受体牛第二次注射时应正处在发情周期的第 11(0+11)至第 18(7+11)天之间，应对 PG 的处理有反应。实际上，使用这个方法也只有 90%～95%受体牛的黄体消退并随之排卵，这可能是因为：一些具有成熟黄体的受体牛对两次 PG 都不起反应；有一些受体牛对第一次 PG 处理的反应延迟，另外，也并非所有已排卵的牛都可被检测出正在发情。一般在良好的环境条件和管理因素下，用间隔 11 d 注射 PG 的方法处理受体牛会有 70%～80%的牛可检测到发情，如低于 50%就不正常了。如果气候条件理想，具有最佳的营养状况，偶尔会检测出 100%的受体牛发情。

间隔 11～12 d 两次处理的方法有两种情况，一种是第一次处理后不观察发情，第二次处理后才观察，以第二次发情为准来确定移植时间和准备移植，这种情况是省去了一次发情观察和安排移植，但至少有 60%～70% 的动物多用一次药，造成一定的浪费。另一种情况是第一次处理后观察母牛的发情，发情者安排移植一次，不发情者于第一次处理后 11～12 d 再次 PG 处理，再次安排移植，这种情况多一次观察发情和移植，比较麻烦。

二、牛同期发情技术操作

(1)母牛的保定、后躯以及外阴部的清洗、消毒。

(2)把土霉素粉适量倒入装有 CIDR 的药盒里，摇晃至混匀备用。

(3)把 CIDR 枪在清水中洗净，然后用高锰酸钾消毒液清洗、消毒，最后再用清水洗净。

(4)把 CIDR 安装在 CIDR 枪中。

(5)由助手掰开阴门，用酒精棉球或生理盐水棉球擦拭阴门内侧，擦拭干净为止，如果遇到母牛腹泻，粪便很可能流入阴道深部，此时要用长柄镊子夹住酒精棉球或生理盐水棉球伸进深部进行擦拭，否则可能造成炎症。

(6)把 CIDR 枪竖向插进阴道里，先斜向上方插进 10 cm 左右，然后平插到阴道深部，直至到达子宫颈外口，把 CIDR 枪旋转 90°使之变成横向，把 CIDR 推到阴道内，拔出 CIDR 枪。

(7)CIDR 放置的时间一般为 9～12 d，取出时，抓住 CIDR 的尾巴，轻轻向斜下方拉出即可。

三、供体牛、受体牛的同步发情技术程序

1. 以 PG 两次注射同期发情法见表 5-2。

表 5-2　对供体牛、受体牛利用 PG 两次注射法同期化发情

天数/d	供体牛	受体牛
0	第一次肌肉注射 PG	
11	第二次肌肉注射 PG	
14	发情	
15		第一次肌肉注射 PG
24	开始超排第一次、第二次肌肉注射 FSH	
25	第三、四次肌肉注射 FSH	
26	第五、六次肌肉注射 FSH	第二次肌肉注射 PG

续表 5-2

天数/d	供体牛	受体牛
27	第七、八次肌肉注射 FSH,同时肌肉注射 PG	
28	第九、十次肌肉注射 FSH,同时肌肉注射 PG	
29	发情、配种	发情
30	配种	
36	冲胚	移植

2. 以孕激素与 PG 配合法见表 5-3。

表 5-3 对供体牛、受体牛利用孕激素+PG 法同期发情

天数/d	供体牛	受体牛
0	第一次肌肉注射 PG	
11	第二次肌肉注射 PG	
14	发情	
17	打入 CIDR	打入 CIDR
24	上午、下午各一次 FSH	
25	上午、下午各一次 FSH	上午肌肉注射 PG
26	上午、下午各一次 FSH 和各一次 PG,下午取出 CIDR	下午取出 CIDR
27	上午、下午各一次 FSH	
28	发情、配种	发情
35	冲胚	移植

四、受体牛选择标准

可选用杂种牛、土种牛,也可选用低产奶牛,但应选体况良好的。如果体况分级按 5 级或 10 级划分,则选择 3～4 或 6～8 级的作为受体。理想的受体牛应该是没有疾病、具有良好的繁殖性能和哺乳能力的适龄母牛。超过 10 年的老牛不容易妊娠,一般不使用。一般来讲,杂交母牛具有更强的生殖能力。使用未经产的年轻母牛做受体,如果营养条件不合适往往得不到理想的移植效果,因为它们在怀孕胎儿的同时还要继续生长发育,因此,在有可能的情况下,应对不同类型的受体制定相应的饲养管理方案。由于市场上出售的育龄期母牛大多数有生殖系统疾病,因

此，尽管未经产母牛的移植妊娠率不稳定，很多胚移机构还是购买这种牛做受体。移植前，要对受体母牛进行直肠检查，确认其是否已经怀孕及卵巢和黄体是否正常，以避免不必要的损失。

在进行发情记录时，应特别注意那些行为反常的牛；在胚胎移植时，挑选受体牛应尽量避免使用已同期发情处理3次的牛，因为这些牛有可能已不发情或不能摸到黄体；给受体移植2～3枚胚胎而结果不理想，此受体应淘汰。

任务40　羊的同期发情处理技术

【学习目标】

针对家畜繁殖场、育种场及改良场等部门岗位技术任务要求，学会对羊的同期发情处理方法，羊同期发情技术操作，掌握供体羊、受体羊的同步发情技术程序及受体羊选择技术。

【操作与实施】

一、羊的同期发情处理方法

(一)孕激素处理法

使用外源性孕激素使母羊体内的孕激素维持在一个较高水平，当外源孕激素取掉时，体内孕激素迅速下降，卵泡开始生长发育并成熟，母羊表现同期发情。为了提高同期发情的效果，常在停止使用孕激素药物的同时，配合使用促进卵泡生长发育的药物PMSG。采用孕激素处理羊时，常用以下3种方法：

1. 孕激素阴道栓法

目前生产上常见的羊用阴道栓有两种形状：一种是海绵阴道栓；另一种是硅橡胶阴道栓。

由于阴道栓的制作材料不同，产品形状各异，虽然使用时药效相同，但配种效果却有差异。因为海绵栓吸收水分，可将羊子宫、阴道内的分泌物吸收，在长达数十天中，分泌物变质，部分羊取栓时有恶臭味，导致子宫颈口及周围有一定感染，影响受精。硅橡胶阴道栓不吸水，对羊的正常受精无影响，但硅橡胶阴道栓的价格是海绵栓的2倍，成本很高，因此，仅用于胚胎移植时的供体羊。海绵阴道栓成本较低，生产上常用于配种时羊的同期发情或胚胎移植时受体羊的处理。在羊发情周期的任意一天，将孕激素阴道栓放置在被处理羊的阴道深部，8～14 d 取出，取栓后几天内羊集中发情。

2. 孕激素阴道栓＋PMSG 法

在羊发情周期的任意一天，将孕激素阴道栓放置在被处理羊的阴道深部，8～14 d 取出，取栓的前 1 d 或取栓同时肌肉注射 PMSG 250～400 IU，2～3 d 羊集中发情。这种方法比只用阴道栓同期发情效果好。

3. 口服法

将一定量的孕激素制剂均匀拌在饲料中，连续饲喂 8～14 d 后，停止喂药，大多数母羊可在几天内发情。此方法的好处是省人、省力，但由于羊的体格大小、强弱不同，吃食的速度和多少不一样，导致服药剂量不同，效果不很理想。

（二）$PGF_{2\alpha}$ 处理法

应用前列腺素及其类似物，溶解母羊卵巢上的黄体，使母羊开始发情。目前国内最普遍使用的前列腺素类药物是 $PGF_{2\alpha}$。处理方法主要有以下两种：

1. 前列腺素一次注射法

在羊发情周期的任意一天，注射 $PGF_{2\alpha}$ 0.1～0.2 mg，2～4 d 处理羊发情。

2. 前列腺素二次注射法

在羊发情周期的任意一天，注射 $PGF_{2\alpha}$ 0.1～0.2 mg，间隔 8～9 d 第二次注射 $PGF_{2\alpha}$ 0.1～0.2 mg，处理羊集中发情，二次注射法比一次注射法同期发情效果好。原因是前列腺素类药物对母羊排卵 5 d 后形成的黄体才有效，而对 5 d 前的黄体效果不佳。因此，一次注射法对羊进行同期发情时效果不很理想；而间隔 8～9 d 后，母羊的黄体基本在 5 d 以上，再次注射氯前列烯醇，黄体溶解，效果较好。

二、羊同期发情技术操作

1. 放置阴道栓

（1）将被处理母羊保定好。

（2）用清水擦洗被处理母羊的外阴部，并进行消毒。

使用每一种海绵栓时，在放入阴道前，先配合使用抗生素。将阴道栓放置母羊子宫颈外口处 14～16 d，取出当天肌肉注射 PMSG 150～500 IU，2～3 d 后处理母羊表现发情。

（3）送栓

①准备好送栓用导入管（图 5-4）。导入管用有机玻璃制成，含一外管和推杆，外管前端截成斜面。将工具浸泡入消毒液内，消毒液兼有消毒与润滑作用。

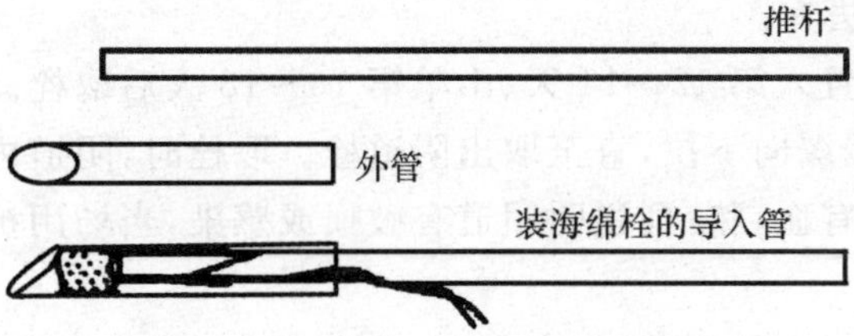

图 5-4　海绵栓导入管安装示意图

②阴道栓蘸上抗生素粉并滴点油，使之润滑。

③将阴道栓置于导入管斜口宽面，细线位在上端，用椎杆推入斜口处，细线留在管外。

④外管连同推杆倾斜 20°角，缓缓(不可用力)送入阴道，深度为 10～15 cm。

⑤插管时母羊自然站立，不得有歪扭或跪卧，以防导入管塞入时穿破阴道壁。

⑥在母羊站立姿势正确时，用推杆将阴道栓推入阴道内。

⑦小心退出导入管，将细线引至阴门外，外留长度为 15～20 cm。

⑧如要对第 2 头母羊进行塞栓，外管抽出后浸于消毒液内，可以连续使用。

⑨幼龄处女母羊阴道狭窄，应用导入管有困难，可以改用长柄钳，甚至用手指将阴道栓推入(图 5-5)。

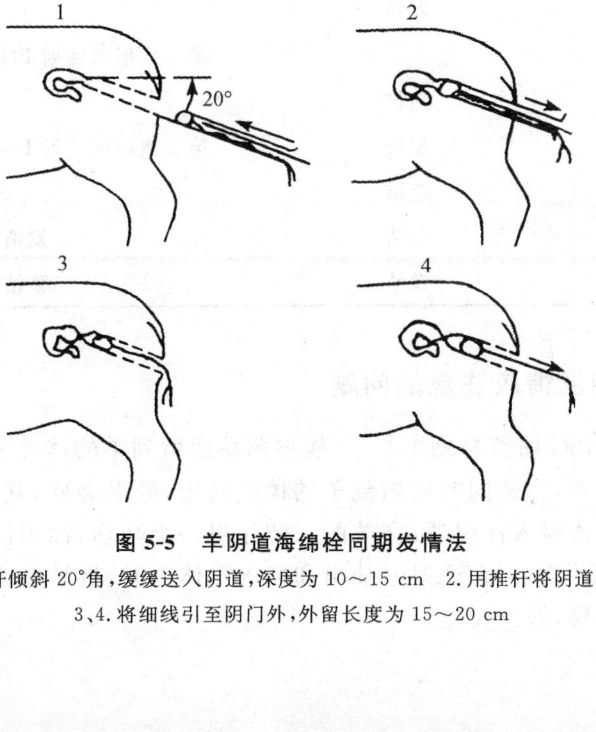

图 5-5　羊阴道海绵栓同期发情法

1. 外管连同推杆倾斜 20°角，缓缓送入阴道，深度为 10～15 cm　2. 用推杆将阴道栓推入阴道内
3、4. 将细线引至阴门外，外留长度为 15～20 cm

(4)取栓　方法为：

①绵羊阴道栓置入第 12～14 天、山羊第 16～18 天后取栓。

②捏住细线，缓缓向下拉，直至取出阴道栓。取栓时，阴道内有异味黏液留出，属正常情况。如果有血、脓，则说明阴道有破损或感染，当场用抗生素处理，并与大群隔离。

③阴道栓一般很少脱失，脱失率小于 1%～2%。取栓时，阴门外不见有细线，可以借助开膣器观察，细线是否缩进去，如见阴道内有细线，可用长柄钳夹出。

④阴道栓取出后，不得随地乱扔，应集中收集后焚烧。

取栓后 2～3 d(指繁殖季节)大多数母羊表现发情，但第一情期受胎率比未处理母羊低。补救措施是：A. 给母羊子宫颈输精两次，精子数目高于一般输精用的精液。B. 有条件时采用子宫内输精。C. 用外源促性腺激素处理，刺激发情和排卵。D. 取栓时母羊群内混入 5%～10%试情公羊，以增加发情和排卵的母羊比例。

三、供体羊、受体羊的同步发情程序

对供体羊、受体羊 PG 法同期发情见表 5-4。

表 5-4　对供体羊、受体羊 PG 法同期发情

天数/d	供体羊	受体羊
0	发情	
7		第一次肌肉注射 FG(0.5～0.7 mg)
13	超排	
14	超排	第二次肌肉注射 FG(0.5～0.7 mg)
15	超排	
16	发情	发情
17	发情	移植

四、羊同期发情应注意的问题

(1)注射 PMSG 时要特别细心，不能将药品遗留到羊的体外。有些人认为，羊的卵巢是一边一个，将药同时注射到羊的体侧两边，效果会好，其实不然。这可能是由于将药物一次吸入注射器，在羊的一侧注射一半药物，抽出注射器，再在另外一侧注射另一半药物，而在注射器抽出和插入羊体内时，极易造成药物溢流体外，使药物的剂量不够，效果欠佳。

(2)在注重同期发情效果的同时考虑成本，$PGF_{2\alpha}$成本低，操作简单。但只能在羊的繁殖季节使用，非繁殖季节使用效果不佳。孕激素阴道栓和 PMSG 配合在繁殖和非繁殖季节均可使用，效果很好，但成本较高。

(3)由于海绵阴道栓在羊体内放置 10 d，在取栓时有个别羊的阴道黏膜与海绵阴道栓粘连，造成阴道轻微出血，遇到此种情况时应对阴道清洗和消毒。

(4)使用海绵阴道栓时，由于海绵吸收的黏液对羊的子宫颈口及周围易造成感染，影响受精。因此，在取栓时，应配制消炎药水对羊的阴道进行冲洗，提高受胎率。

(5)$PGF_{2\alpha}$具有人工引产的功能，在进行羊的同期发情处理时，要确保母羊未怀孕，剂量要适宜，否则会造成怀孕羊的流产，影响生产。

(6)在用于人工授精时进行的同期发情处理羊，要考虑种公羊的多少及配种能力。在公羊不足的情况下，不能同一天将母羊全部处理。等母羊发情时，公羊不够用，影响配种时机。应根据公羊的配种能力，每天处理一定数量的母羊，控制当天发情的母羊数，做到发情就配。

项目十三　超数排卵技术

任务 41　牛超数排卵

【学习目标】

针对家畜繁殖场、育种场及改良场等部门岗位技术任务要求，学会对牛的超数排卵处理方法，掌握牛的超数排卵技术方案。

【操作与实施】

一、牛超数排卵方法

1. 用 FSH 超排

在牛发情周期(发情当天为 0 d)的 9～13 d 中的任意一天开始注射 FSH。以递减剂量的方式连续肌注 4 d，每天注射 2 次(间隔 12 h)，总剂量按牛只体重、胎次作适当的调整。总剂量为 400～500 mg。在第 1 次注射 FSH 后的 48 h 及 60 h，各肌肉注射 1 次 $PGF_{2\alpha}$，每次 2～4 mL。若采用子宫灌注，剂量可减半。

2. 用 PMSG 超排

在发情周期的 11～13 d 中的任意一天肌肉注射 1 次即可。按每千克体重 5 IU 确定 PMSG 总剂量，在注射 PMSG 后 48 h 及 60 h，分别肌肉注射 PGF 1 次，每次 2～4 mL。母牛出现发情后 12 h 再肌肉注射 PMSG，剂量以能中和 PMSG 的活性为准。

3. 用 CIDR 和 FSH 联合超排

CIDR(孕酮阴道硅胶栓)是 20 世纪 80 年代开发的促动物发情产品，由新西兰 InterAg 公司生产。其具体用法是：插入阴道栓，在埋栓第 9 天开始注射 FSH，共

4 d;第 11.5 天或第 12 天撤栓;在撤栓前约 24 h 注射前列腺素,观察发情表现,输精 2 次,第 7 天回收胚胎。

4. FSH+PVP+$PGF_{2\alpha}$法

将 23.4 g 的 PVP(聚乙烯吡咯烷酮)溶解在 100 mL 蒸馏水中,高压灭菌后封装成 10 mL 剂量,在奶牛发情后 9～13 d 2 次肌肉注射 FSH-R(30 mg FSH 溶解在 10 mL 30%的 PVP 中),48 h 后,肌注甲基-$PGF_{2\alpha}$ 15 mg,再经过 48 h,进行人工输精。此法不但延长了 FSH 的半衰期,增加了 FSH 的作用效果,而且一次注射避免了母牛的应激反应,是目前较理想的一种方法。

二、牛的超数排卵技术方案

牛的超排方案的制定要根据所使用的激素和供体牛的品种而定,目前,国内外广泛使用的是加拿大生产的 FSH 超排供体牛,效果稳定;国内生产的 FSH 不同批次的激素效果有一定差异。牛的超排方案见表 5-5。

表 5-5 供体牛超排方案 mg

品种		激素种类	总量	1		2		3		4	
				早	晚	早	晚	早	晚	早	晚
肉牛	利木赞	进口 FSH	280	50	50	40	40	30	30	20	20
		国产 FSH	6.2	1.2	1.2	0.9	0.9	0.6	0.6	0.4	0.4
		PG	0.8					0.4	0.4		
	夏洛来	进口 FSH	320	50	50	40	40	40	40	30	30
		国产 FSH	7.0	1.3	1.3	1.0	1.0	0.7	0.7	0.5	0.5
		PG	0.8					0.4	0.4		
	西门塔尔	进口 FSH	320	50	50	40	40	40	40	30	30
		国产 FSH	7.0	1.2	1.2	1.0	1.0	0.8	0.8	0.5	0.5
		PG	0.8					0.4	0.4		
奶牛	荷斯坦	进口 FSH	340	55	55	45	45	40	40	30	30
		国产 FSH	9.6	1.5	1.5	1.3	1.3	1.0	1.0	0.9	0.9
		PG	0.8					0.4	0.4		

在供体牛发情(发情当天为 0 d)第 9 天开始,早、晚各注射一次。递减法肌肉注射 FSH,总量为进口 FSH,肉牛 260～330 mg,奶牛 320～340 mg;国产 FSH,肉牛 6～7 mg,奶牛 9.6 mg。超排第 3 天肌肉注射氯前列烯醇(PG)0.8 mg,发情时

肌肉注射促排卵2号(LRH-A2)1支,发情后12 h开始人工输精,剂量加倍,间隔12 h后再输精一次。如果不考虑发情周期,可以直接埋植阴道栓(CIDR),在植入第9天开始,以上述方法进行超排处理,第12天撤栓。

三、超排注意事项

1. 选择适宜年龄的供体牛

年龄较小的牛只超排效果较好,而7～9岁奶牛超排效果较差,10岁以上更差。因此建议选择3～6岁、1～4胎的高产奶牛进行超排。

2. 严格挑选供体牛,摸清超排牛的生理状态

选择超排母牛时,应按要求严格进行直肠检查,掌握母牛的生理状态,保证超排牛的卵巢、子宫等没有功能性疾病,这是获得好的超排效果的首要条件。李建栋等(2000)研究了奶牛超排前卵巢状态对超排效果的影响后发现,卵巢上有卵泡存在的奶牛超排后发情不正常率比较高,他认为可能是由于这些卵泡为优势卵泡,超排处理中优先发生排卵形成黄体,而该黄体正是处于性周期第5天以前阶段的新生黄体。

3. 满足母牛的营养需要

超排母牛的发情、排卵与母牛的营养有很大的关系。李颂孙等(1987)把牛按体况分为10个等级,认为中等膘情(4、5级)供体牛超排处理后可获得理想的排卵数(12.60～10.23和9.18～10.02),优于其他的牛。

4. 适宜的超排时间

许多动物的情期中有2或3个滤泡发生波,优势卵泡的存在不但抑制其他滤泡的发育,而且还抑制下一个滤泡波的产生。通过采用孕酮或雌激素抑制优势卵泡的发育来诱导下一个卵泡发育波的产生,就超排日期选择而言,在第1个滤泡发育波产生的当天(发情当天)和第2个卵泡发育波产生的当天(牛发情后10 d)对动物进行超排处理,可促使更多的卵泡同时发育,从而大大提高超排效果。

对于即将超数排卵处理的母牛,必须严格掌握其准确的发情时间,一般来讲,70%的牛发情集中在早上6时左右,也有少数母牛早晚均处于发情状态。超排处理前,要准确掌握供体牛的前两个发情周期。不要改变即将超排处理的供体牛原有的饲养环境条件,如长途运输、改变饲料成分等。为了准确测定母牛发情.有条件的可使用国外的试情色带或其他较先进的测定母牛发情的办法。

5. 选择高质量的超排药物组合及科学的超排程序

超排激素种类及其用量是影响超排效果好坏的重要因素。在早期的超数排卵处理中,应用最多的:是孕马血清,但PMSG半衰期过长,虽具有FSH和LH的双重作用,但使用时易引起肿大,使不排卵的卵泡增多和形成不利于早期胚胎发育的

雌激素子宫环境，高剂量使用时上述现象会更严重。目前国内外一些研究者在对动物进行超排时多选用 FSH，应用它一般无卵巢囊肿和持续发情等情况，稳定性较好。制剂来源不同产生的超排效果也不同。

任务 42 羊超数排卵

【学习目标】

针对家畜繁殖场、育种场及改良场等部门岗位技术任务要求，学会对羊的超数排卵处理方法，掌握羊的超数排卵技术方案。

【操作与实施】

一、羊的超数排卵方法

超排最好在羊的最佳繁殖季节进行，即每年秋季 9～11 月份，12 月份至翌年 2 月份也可以。要取得较理想的超排效果，供体母羊在超排前要观察 2 个完整的发情周期。绵羊的发情周期为 15～17.5 d，山羊为 19～22 d。

1. 促卵泡素减量处理法

60 mg 孕酮海绵栓埋植 12 d，于埋栓的同时肌肉注射复合孕酮制剂 1 mL，在埋栓的第 10 天开始肌肉注射促卵泡素总剂量 300 mg。促卵泡素处理采用递减法连注 3 d(第 10～12 天)，以每天早晚各注射 75 mg、50 mg、25 mg 递减，在第 13 天撤栓后放入试情公羊，发情者配种。配种时静脉注射绒毛膜促性腺激素 1 000 IU 或促黄体素 150 IU。

2. 促卵泡素＋孕马血清促性腺激法

60 mg 孕酮海绵栓埋植 12 d，于埋栓的同时肌肉注射复合孕酮制剂 1 mL，在埋栓的第 10 天开始肌肉注射促卵泡素总剂量 200 mg。促卵泡素处理采用递减法连注 3 d(第 10～12 天)，以每天早晚各注射 50 mg、30 mg、20 mg 递减，并在第 10 天晚同时肌肉注射孕马血清促性腺激素 500 IU。在第 13 天撤栓后放入试情公羊，发情配种。配种时静脉注射人绒毛膜促性腺激素 1 000 IU。

3. 孕马血清促性腺激素一次注射法

60 mg 孕酮海绵栓埋植 12 d，于埋栓的同时肌肉注射复合孕酮制剂 1 mL，在埋栓的第 11 天肌肉注射孕马血清促性腺激素 500 IU，18 h 后肌肉注射抗孕马血清促性腺激素 1 500 IU。在第 12 天撤栓后放入试情公羊，发情配种。配种时静脉注射人绒毛膜促性腺激素 1 000 IU。

二、供体羊的超排程序

(一)促卵泡素注射法

(1)以母羊发情之日作为发情周期的 0 d，绵羊在自然发情或诱导发情的第 12～13 天，山羊在第 16～17 天开始递减注射促卵泡素，绵羊在第 5～6 针、山羊在第7～8 针注射促卵泡素的同时注射前列腺素 0.08～0.1 mg/次。供体羊在注射促卵泡素后第 4～9 天有发情表现，发情后立即配种并注射促黄体素 90～150 IU。

(2)在供体羊发情周期的任意一天，在阴道内放置 CIDR 或阴道海绵栓，绵羊在放栓的第 9～13 天、山羊在第 10～16 天开始递减注射促卵泡素，绵羊在第 5 针、山羊在第 7 针注射促卵泡素的同时注射前列腺素 0.08～0.1 mg/次，并取出 CIDR 或海绵栓。供体羊在取出后 12～24 h 有发情表现，发情后立即进行输精或本交，并注射促黄体素 90～150 IU。

从注射超排激素促卵泡素的第 4 针开始或撤栓后的 6～12 h 开始，就应该每天早晚或每 8 h 1 次用试情公羊进行试情。供体羊发情后立即配种(人工授精或本交)，每 4～6 h 配种 1 次，连续配种 3～4 次，如果采用人工授精配种，则需加大输精量，并保证精液的密度、活力。

如果供体羊在促卵泡素没注射完毕时提前发情，则停止注射促卵泡素，发情的羊不进行配种和冲胚。

(二)孕马血清促性腺激素处理法

绵羊在自然发情或诱导发情的第 12～13 天，山羊在第 16～17 天，一次性注射孕马血清促性腺激素 1 000～2 000 IU，发情后配种并同时肌肉注射等量的抗孕马血清促性腺激素。

三、羊的超数排卵注意事项

(1)供体羊超数排卵开始处理的时间，要在最佳繁殖季节进行。绵羊应在自然发情或诱发发情的情期第 11～13 天开始；山羊应在发情周期的第 16～18 天开始。

(2)FSH 的注射剂量，因生产厂家和羊只个体大小不同，剂量有差异。澳大利亚、新西兰、美国生产的 FSH，规格是 40 mg/支，每只羊注射总量约为 20 mg；宁波激素厂生产的 FSH，规格为 100 IU/支，每只羊注射总量在 150 IU 左右。

(3)LH 的注射剂量，肌肉注射每只羊约为 150 IU。

任务43　胚胎采集技术

【学习目标】

针对家畜繁殖场、育种场及改良场等部门岗位技术任务要求，学会确定胚胎采集的时间，掌握羊的手术法采胚技术、牛的非手术法采胚技术及羊的手术法、牛的非手术法胚胎生产技术。

【操作与实施】

一、胚胎采集时间的确定

胚胎的采集又叫胚胎的收集也称为采胚、冲胚、采卵或冲卵。胚胎的采集就是利用冲卵液将胚胎由生殖道（输卵管或子宫）中冲出，并收集在器皿中。胚胎采集有手术法和非手术法两种。采卵时间不应早于排卵后的第一天，一般是在配种后的3～8 d，发育至4～8个细胞以上为宜。牛手术法采胚不能晚于配种后3 d，非手术法采卵不能早于配种后4 d，通常牛非手术采胚大都在发情后7 d进行，此时胚胎大部分处于桑葚胚和囊胚阶段，受精卵大都在子宫角内。

二、羊的手术法采胚

（一）手术前的准备工作

1. 手术室的准备

手术室要宽敞，光线充足，地面用水泥或砖铺成，卫生清洁，无尘土飞扬，术前经紫外线灯照射60 min杀菌消毒。手术室内要配备必要的手术架（图5-6）、工作台和药械柜。门窗封闭较严，室内温度在手术过程中保持20～25℃。

2. 人员的准备

参加手术的技术人员要有严格的无菌操作观念，避免因外科手术感染而造成创口发炎化脓，甚至造成生殖障碍或羊只死亡等后果。手术人员要穿上手术服，戴上工作帽和口罩，指甲剪短磨光，用肥皂洗净手臂，清水冲洗干净后，再用0.1%新洁尔灭溶液浸泡，戴上无菌胶手套。双手消毒后，不要与未消毒过的物品接触。

3. 器械和物品的准备

手术所需的所有器械和物品都要提前消毒。冲卵管、移胚管、吸冲卵液用的注射器，以及收集胚胎的表面皿、培养皿、加样器等一切与胚胎接触的用品，在消毒后使用前，还必须用灭菌生理盐水及冲卵液冲洗，以免影响胚胎的存活。

4. 羊只的准备

手术羊术前 24 h 禁食空腹，以降低手术时腹压，方便手术；剃毛，为了节省手术时间，减少手术室的环境污染，手术的羊只提前在室外将手术部位的毛剃掉，剃毛后用温肥皂水反复擦洗，去除皮脂，用清水洗净肥皂水，再用干净毛巾擦干；麻醉，用 2%静松灵，按每千克体重 10～30 mg 肌肉注射；保定，将手术羊仰卧保定在特制手术台上，手术台要后高前低，最好前后能升降，有利于子宫角、卵巢的牵出和显露。

图 5-6　羊用手术架

(二)手术及冲卵方法

1. 手术部位消毒

手术部位用 5%的碘酊进行消毒，术前再用 75%的酒精棉球脱碘，消毒之后覆以创巾。

2. 手术部位

一般多采用腹中线旁切口，在一侧乳房基部稍前方腹白线旁 2～3 cm 处。

用左手食指和拇指在预定切口两侧，将皮肤撑紧固定，右手执刀，由后向前，平行腹白线将皮肤切开 5～8 cm，在切开腹膜前，要彻底止血以防血液流入腹腔内，引起腹内脏器特别是子宫的粘连。

术者用手指伸入到腹腔及盆腔内寻找子宫、输卵管及卵巢，将子宫角、输卵管及卵巢导引到切口外，使子宫角、输卵管及卵巢尽量充分显露，观察卵巢排卵情况及卵巢、输卵管、子宫角是否正常。因为排卵后不久或黄体正在发育中的卵巢极为脆弱,稍加挤压就有可能造成破裂和出血,从而导致术后的粘连,甚至引起终身不育。所以,不可用力牵拉卵巢,不能直接用手捏卵巢,以免引起卵巢出血甚至被拉断。同时,用较大纱布将子宫与切口间进行隔离。

观察并记录卵巢表面黄体的数量、状态及大小,卵泡数量和发育等情况。如果卵巢上没有排卵点,则不必进行冲胚;如果有排卵点,表明有卵排出,则需进行冲胚。

3. 冲胚

在子宫角基部靠近子宫体部位用止血钳或钝形针头在使子宫体撑紧情况下迅速向子宫腔内刺一小孔,拔出穿刺针,快速将已准备好的采胚管(二通管)气囊端由该孔向子宫角尖端方向插入,使采胚管气囊位置约在一侧子宫角分叉处基础部。

用注射器向气囊内注射 2～5 mL 空气,使气囊完全充盈将子宫角充分堵塞固定。注入的气体量由子宫角的大小及采卵管插入的深浅决定,以不损伤子宫内膜且冲卵液不倒流为准。

固定好二通管后,用注射器吸入 37℃的冲卵液,针头从子宫角顶端刺进子宫腔,将针头与管壁捏紧,防止液体倒流。向子宫角内匀速注入冲卵液,冲卵液注入量根据子宫角的膨胀程度而定,一般 30～50 mL。冲卵液经子宫角、二通管的接出管回收到表面皿中。如果冲卵液回流不畅,可将子宫角稍微上提,轻轻捏挤子宫,反复几次,使冲卵液充分回收。一侧子宫角冲洗完毕后,抽出注射器针头,将固定气囊放气,拔出冲卵管,用同样方法冲洗另一侧子宫角(图 5-7、图 5-8)。

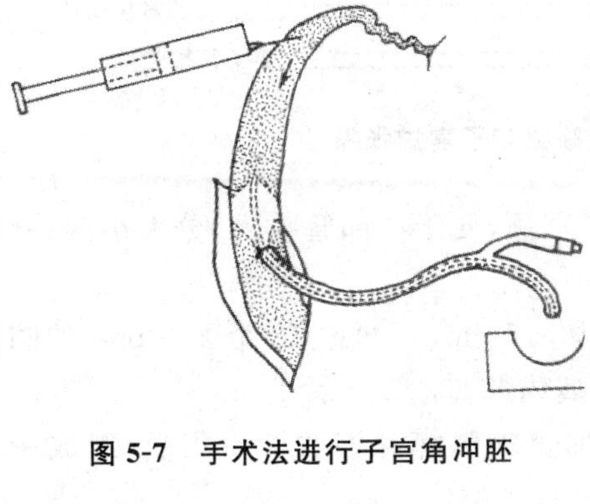

图 5-7 手术法进行子宫角冲胚

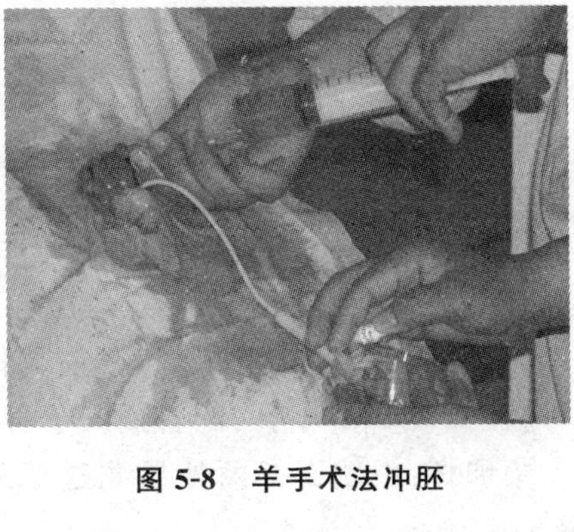

图 5-8 羊手术法冲胚

冲胚完成后,将装有回收液的表面皿迅速送到检胚室,准备镜检。对子宫表面的血迹用灭菌纱布进行彻底清洁,并用生理盐水清洗整个子宫后送回腹腔进行缝合。

4. 检胚

(1)检胚操作要求　检胚者应熟悉显微镜的结构，做到熟练使用。找胚的顺序应由低倍到高倍，一般在 10 倍左右已能发现卵子，对胚胎进行签订分级时转向高倍。

(2)回收　根据胚胎的比重，大小，形态，透明带透光性回收。胚胎比重比冲胚液大，因此一般位于平皿底部；羊卵子直径为 150～200 μm 肉眼观察仅见针尖大小；胚胎为一球形体，镜下呈圆形，外层透明带在冲胚液中的折光性比其他不规则组织碎片折光性强，色调灰色；当疑似胚时，晃动表面皿，胚胎滚动，用玻璃针拨动，针尖还未触及胚胎即已移动；镜检找到的胚胎数应和卵巢上排卵点数量大致相当。

(3)回收方法和要求　回收室温度应控制在 20～25℃，无菌、检胚和胚胎鉴定需 2 人进行，并且进行严格的消毒。回收人员将胚胎从回收液中拣出，然后放入装有 4～5 mL 已过滤 PBS 液的 35 mm 的培养皿中，鉴定胚胎等级；做好记录。

三、牛的非手术法采胚

(一)器材与试剂

1. 器材

子宫颈黏液去除器：用于插入冲卵管之前除去子宫颈中的黏液(图 5-9)。

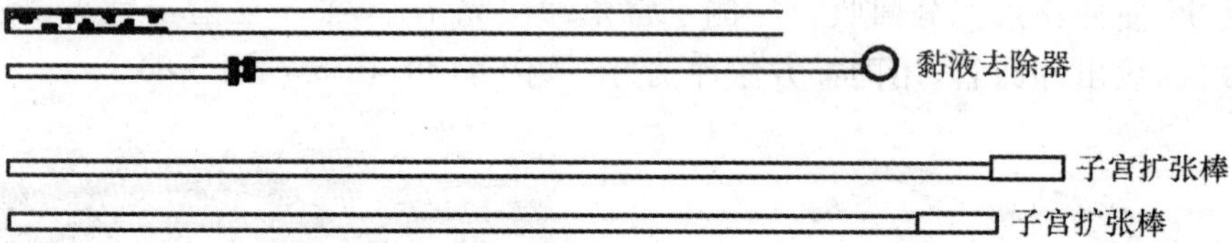

图 5-9　子宫颈黏液去除器与子宫扩张棒

子宫颈扩张棒：用于疏通青年母牛的子宫颈，便于冲卵管插入，分大小两种(图 5-9)。

多孔冲卵管：长 55 cm，气囊前端长度为 3.5 cm，有两排 12 个 2.0 mm 的圆锥形(内径 1.5 mm)小孔，配备插入子宫的金属内芯。

集卵杯：由侧面有两处尼龙过滤网的加盖塑料杯和回收液收集瓶，组成一套(图 5-10)。

“Y”形连接管：由聚乙烯塑料管制作，用于连接冲卵管与集卵杯，形成封闭状(图 5-11)。

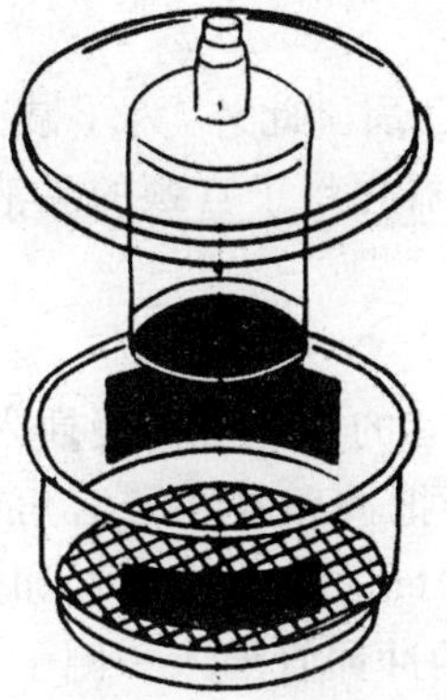

图 5-10　集卵杯

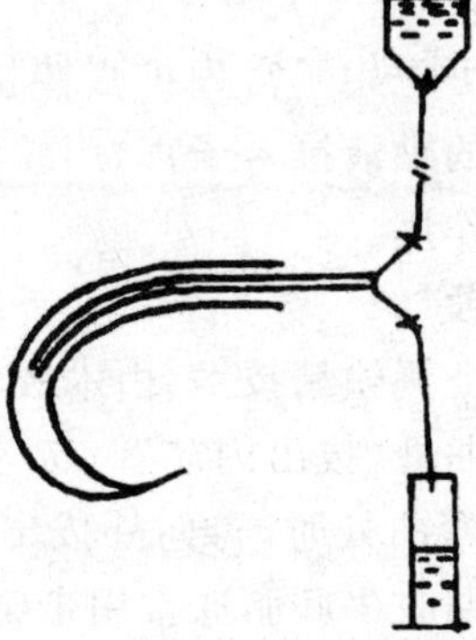

图 5-11　"Y"形连接管

2. 冲卵液的配制

冲卵液和胚胎的短期培养液通常是用改进的杜氏磷酸盐缓冲液，见表 5-6。

表 5-6　冲卵液的配制

成分	重量/g	加入三馏水容积/mL
NaCl	8.00	
KCl	0.20	
Na_2HPO_4	1.15	
KH_2PO_4	0.20	800(1)
牛血清蛋白	3.00	
葡萄糖	1.00	
丙酮酸钠	0.036	
硫酸新霉素	0.20	
$CaCl_2$	0.10	100(2)
$MgCl_2 \cdot 6H_2O$	0.10	100(3)

(二)非手术法采胚方法

1. 麻醉

牛的非手术法采胚一般在配种后 6～8 d 进行。将采胚的供体牵入保定架内，于采胚前 10 min 对其进行麻醉，大都采用在荐尾椎间硬膜外腔注入 2% 的利多卡因 4～5 mL。在麻醉的同时对外阴部清洗和消毒，然后用净水冲洗并擦干，将手伸入直肠，清除母牛粪便，并检查两侧卵巢黄体数目。

2. 扩张子宫颈

对青年母牛可先用子宫颈扩张棒扩张子宫颈。此外，为了减少冲卵管插入子宫时将子宫颈内的黏液推入子宫，用黏液去除器先将子宫颈的黏液吸除，同时也起到疏通子宫颈的作用。

3. 插入冲卵管

按照牛直肠把握输精技术，由术者将带内芯的冲卵管慢慢插入子宫角，当冲卵管到达子宫角弯曲处，拔出内芯 3 cm 左右，再把冲卵管往子宫角前端送。当内芯再次到达子宫角弯曲处时，再向外拔出内芯 3 cm 左右，直到冲卵管到达子宫角前端为止。非手术回收牛胚胎通常用带金属芯的冲卵管插入一侧子宫角。

4. 充气

给气囊充气（10～20 mL），气泡大小要适中，过小会造成液体流失，胚胎丢失；过大会损伤子宫内壁，引起出血，严重者会撑破子宫。固定好冲卵管后，抽出金属芯，灌入 30～50 mL 冲卵液，观察回流情况（图 5-12）。

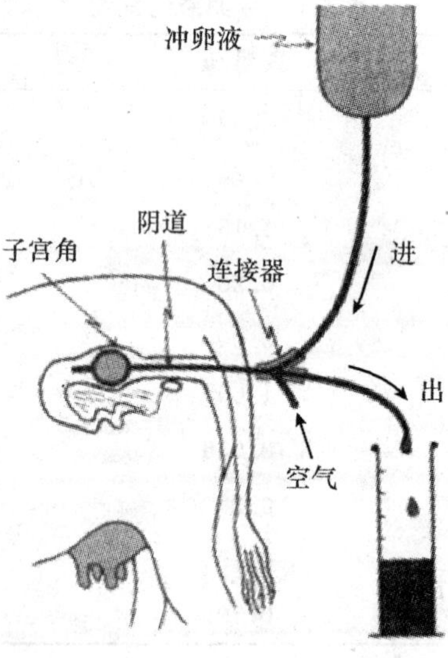

图 5-12 非手术采卵示意图（子宫角放大，显示导管位置）

5. 冲洗子宫角

先将冲卵液自动灌流入子宫角 30～40 mL，用 50 mL 注射器每次吸取 30～40 mL 冲卵液，然后迅速将回收液沿壁注流到集卵杯，反复几次，同时隔着直肠对子宫角轻轻按摩(图 5-13)。这样反复多次直至用完 300～500 mL 冲卵液为止。此时借直肠把握将金属内芯插入冲卵管放气,并把冲卵管从冲卵侧子宫角抽出,通过子宫体转向插入另一侧子宫角,重复以上操作,这样可减少污染。

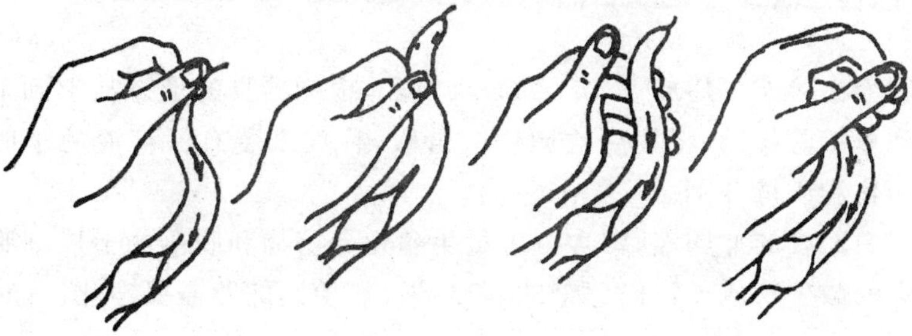

图 5-13　冲卵方法

在冲胚过程中,手法要轻,气泡大小和位置要适宜,尽量减少对子宫的损伤、避免刺破子宫角。

6. 把集卵杯中的冲卵回收液倒入直径 90 mm 培养皿中

在显微镜下,从左向右、从上到下地检查,不可遗漏,将检出的胚胎放入盛有保存液的直径 35 mm 培养皿中。做好各项记录。

(三)捡卵

捡卵主要是从回收液中,将受精卵或胚胎捡出,并进行必要的净化处理. 然后将胚胎进行形态学鉴定来确定其品质。在胚胎的质量鉴定时,应考虑到胚胎的日龄,结合它的发育状态判断优劣,然后确定胚胎的用途-移植或保存。

1. 捡卵前的准备

(1)胚胎保存液　常用的有进口培养液或自配的胚胎保存液,是用 0.22 μm 的细菌过滤器过滤 PBS 液,再加入经 56℃水浴 30 min 灭活的犊牛血清或发情母畜的血清,经 0.45 μm 细菌过滤器过滤后,配制成 3%～5%血清的 PBS 液。按 200 μL 的液滴,每皿 4～6 滴,分别装入数个塑料小皿并编号。为了防止蒸发,需将装有 PBS 液小皿放入 1 个加有浸湿棉球的大玻璃平皿中,置于室温备用。

(2)回收液的处理　由于供体母牛采用非手术冲卵有大量的回收液,不便捡卵,为此需根据不同集卵器具,采用相应的方法。

①静置法:适用于用大器皿收集回收液,需在室温静置 30 min,然后将一个聚乙烯软管插入回收液的中、下层,将上层回收液虹吸至另一个器具,留下底层 50 mL 左右,轻轻摇晃几下,使浮在表面的卵下沉,再分别倒入表面皿镜检。

②漏斗式集卵杯：用漏斗接收回收液。可将最后留在漏斗中的约 30 mL 回收液倒入玻璃皿中，再放入适量 PBS 液冲洗漏斗后回收镜检。

③漏网式集卵杯：用注射器吸 20 mL PBS 液冲洗集卵杯内侧的尼龙网，稍静止，吸去上层泡沫即可。

2. 捡卵与卵的净化

从回收液中捡卵可用放大 16 倍的显微镜。根据器具的形态从上到下、从左至右或从外到里依此移动，将找到的卵用吸管吸出，放入装有保存液的小皿中，然后进行卵的净化和质量鉴别。

从子宫内回收的冲卵液，常含有大量生殖道分泌物和脱落的上皮细胞，甚至还可能有污染的微生物或子宫内感染的病原，所以，捡出的卵需要净化。净化处理是将捡出的卵移入已备好的小皿的 PBS 液滴中，依次轻轻吸卵、清洗，可少吸些 PBS 液吹向卵的周围，清除卵周围的粘连物。

3. 胚胎质量鉴定

将净化后的卵子置于新鲜的胚胎保存液内，放大 40～100 倍做形态学检查，分级与鉴定后装管。

四、羊的手术法胚胎生产

(1)羊手术前 24 h 禁食空腹。

(2)剃毛，为了节省手术时间，减少手术室的环境污染，手术的羊只提前在室外剃毛。

(3)麻醉，保定。

(4)手术部位消毒。

(5)手术部位。一般多采用腹中线旁切口，在一侧乳房基部稍前方于腹白线旁 2～3 cm 处，由后向前平行腹白线切开 5～8 cm 的切口。

(6)寻找及显露子宫、输卵管及卵巢。

(7)观察并记录两侧卵巢表面的黄体大小、数量，卵泡数量等。

(8)冲胚。将子宫角引出切口外，在子宫角基部靠近子宫体部位用止血钳或钝形针头迅速向子宫腔内刺一小孔，快速将已准备好的采胚管(二通管)气囊端由该孔向子宫角尖端方向插入，使采胚管气囊位置约在一侧子宫角分叉处基部。用注射器向气囊内注射 2～5 mL 空气，使气囊完全充盈将子宫角充分堵塞固定。用注射器吸入 37℃ 冲卵液，将套管针从宫管结合部子宫角端刺进子宫腔，拔出针芯，将套管与管壁捏紧，防止液体倒流。向子宫角内匀速注入冲卵液，一般 30～50 mL，冲卵液经子宫角、二通管的接出管回收到集卵皿中。一侧子宫角冲洗完毕后，抽出注射器针头，将固定气囊放气，拔出冲卵管，用同样方法冲洗另一侧子宫角。冲胚完成后，将装有回收液的表面皿迅速送到检胚室，准备镜检。

(9)对子宫表面血迹用灭菌纱布进行彻底清洁，并用生理盐水清洗整个子宫后送回腹腔进行缝合。

五、牛的非手术法胚胎生产

(1)将供体牛保定在六柱栏中，用2%利多卡因在荐椎和第一尾椎结合处或第一尾椎和第二尾椎结合处实行尾椎硬膜外腔麻醉，直至尾部无知觉。利多卡因用量5～10 mL/头。

(2)用扩宫棒扩张子宫颈，然后把带内芯的冲卵管慢慢插入子宫角，当冲卵管到达子宫角弯曲处，拔出内芯3～4 cm，再把冲卵管往子宫角前端送。当内芯再次到达子宫角弯曲处时，再向外拔出内芯3～4 cm，直到冲卵管到达子宫角前端为止。

(3)给冲卵管气囊充气8～12 mL。

(4)抽出冲卵管内芯。

(5)连接冲卵管与50 mL注射器之间的接口。

(6)将8个50 mL注射器编号1～8，每个注射器吸取50 mL冲卵液，每次将一管冲卵液从冲卵管注入子宫角，然后将所有回收液吸回原注射器，每个子宫角反复4次，用200 mL冲卵液。

(7)用一个50 mL注射器吸取50 mL冲卵液，把8个冲胚用的50 mL注射器中的回收液在室温下(18～22℃)注入集卵漏斗中过滤，当集卵漏斗内剩下约20 mL回收液时，摇动集卵漏斗将其倒入ϕ90 mm培养皿内。用PBS液冲洗集卵漏斗壁和底直至没有黏液为止。上述培养皿待镜检。

项目十四　移植胚胎技术

任务 44　羊的手术法移植

【学习目标】

针对家畜繁殖场、育种场及改良场等部门岗位技术任务要求，学会受体的选择及供体羊、受体羊的同期发情技术，掌握羊的移植胚胎技术。

【操作与实施】

一、受体的选择及供体羊、受体羊的同期发情

(一)受体羊的选择

选择健康、无传染病、营养良好、无生殖道疾病、胚胎移植前至少有 2 个以上正常的发情周期的经产羊。

(二)供体羊、受体羊的同期发情

(1)自然发情　对受体羊群自然发情进行观察，发情前后相差 1 d 的羊，可作为受体。

(2)诱导发情　羊诱导发情分为孕激素类和前列腺素类控制同期发情两类方法。孕酮海绵栓法是一种常用的方法。

二、移植胚胎技术

(一)供体羊、受体羊的配比

供体羊超排反应个体差异很大，就平均数而言，波尔山羊平均可用胚胎数在

15 枚左右，道塞特绵羊在 6 枚左右。考虑到受体羊同期发情有效率为 85%～90%，同期发情后正常排卵并能形成黄体的有效发情羊为 65%～70%，每只受体羊平均可移植 2 枚胚胎等因素，超排 1 只供体羊应同时处理受体羊 12 只左右(波尔山羊)或 6 只左右(道塞特)。同时，由于超排反应的个体差异较大，在实际应用中供体羊应成批超排，受体羊亦应成批处理为适宜，一般以每批处理 4～6 只供体、40～60 只受体山羊或 20～40 只受体绵羊为宜。

(二)受体羊准备

受体手术前空腹 24 h，将羊仰卧于手术保定架上，肌肉注射 2%静松灵 0.5～1.0 mL。

(三)移植胚胎方法

1. 常规手术法

受体羊的手术部位、方法与供体羊取卵时相同。切开腹壁后，将子宫角引出切口外，用钝形针头在有黄体的一侧子宫角上部 1/3 处扎一小孔。将装有胚胎的移植器沿针孔插入子宫腔内约 1 cm。将胚胎和少量的培养液一起注入子宫腔内。移植后检查移植器中是否有胚胎遗留。而移植部位要根据胚龄和胚胎的发育阶段而定，一般胚胎不超过 3.5 d 的受精卵移植到输卵管；胚龄超过 3.5 d 和发育至致密桑葚胚以后阶段的胚胎，移植至子宫角；同时移植胚胎时应观察受体羊的黄体发育情况，通常将胚胎移入有黄体的一侧。确认移植器内没有胚胎，开始缝合切口。

2. 内窥镜移植法

腹腔镜技术用于胚胎移植，操作人员通过内窥镜观察卵巢上的卵泡和黄体，受体母羊不需进行外科手术，就可将胚胎准确地输入子宫内，方法简便、易行、可靠，有利于提高胚胎移植的受胎率。

在乳房前方腹中线两侧各切开一个 1 cm 长的小孔，一侧插入打孔器和腹腔镜，另一侧插入肠钳。观察卵巢黄体，选择有黄体且黄体发育良好侧子宫角进行移植，移植部位与供体羊采胚部位相同(图 5-14)。

3. 非手术法

通过子宫颈的非手术移植绵羊胚胎曾进行过尝试，尚未达到实用阶段，但该法是羊胚胎移植的研究热点和发展趋势。

(四)移植胚胎注意要点

(1)观察受体卵巢上黄体发育情况，按突出卵巢的黄体直径分为优、中、差，优 0.6～1 cm；中 0.3～0.5 cm；差小于 0.3 cm。

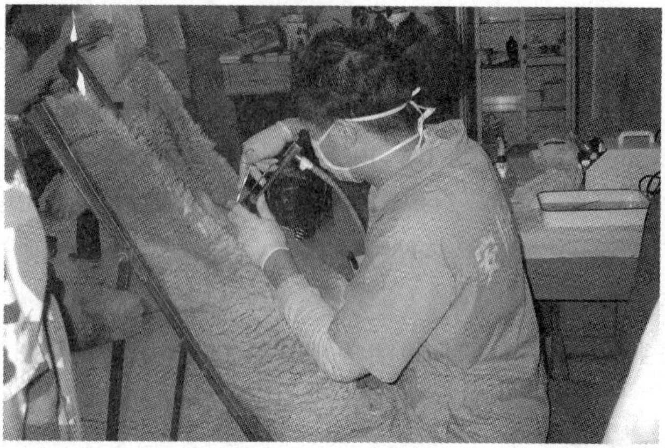

图 5-14 羊的腹腔镜法胚胎移植

(2)胚胎移至受体子宫角，一般移 1～2 枚胚胎，在子宫角扎孔时应避开血管，防止出血。

(3)不可用力牵拉卵巢，不能触摸黄体。

(4)胚胎发育阶段与移植部位相符。

(五)受体羊术后管理

受体羊术后在小圈内观察 1～2 d。圈舍应干燥、清洁、防止感染，1 周后拆线。受体羊术后 1～2 个情期内要注意观察返情情况，若返情则应进行配种。对没有返情的羊应加强饲养管理。

任务 45 牛的胚胎移植技术

【学习目标】

针对家畜繁殖场、育种场及改良场等部门岗位技术任务要求，学会受体的选择及供体牛、受体牛的同期发情技术，掌握牛的移植胚胎技术。

【操作与实施】

一、受体母牛的选择与管理

受体母牛一般选用遗传品质较差的土种或低代杂种。要求体格较大、膘度适中、无疾病的健康母牛，并有正常的发情周期，生殖道无疾患。青年牛要16～18月龄，成母牛2～6岁。移植前要准确地观察发情，做好记录，打上标记。受体牛发情天数与供体牛发情前后不超过1 d。受体牛群的饲养管理应和供体牛群同样对待，给予清洁的饮水和足够的草料，保持中等营养水平。

二、牛的非手术胚胎移植方法

(一)器械

采用不锈钢移植枪，一般由外套、移植管及内芯组成，不锈钢移植枪使用前需高压消毒。还需要无菌软外套，剪毛剪，碘酒棉球，70%酒精棉球，2%利多卡因等。

(二)受体牛的准备

根据发情记录确定与供休母牛同期的受体母牛，移植前用1.5～2 mL(2%)利多卡因硬膜外腔麻醉，或用镇静剂静松灵，并做直肠检查，确认排卵侧和黄体发育情况。发情6～8 d的母牛，一般黄体基部直径应大于1.5 cm，同时应注意的是，卵巢大不一定黄体大，有的卵巢小，但移植时黄体发育比卵巢大的好。移植前对外阴部彻底消毒。

(三)胚胎的准备

用0.25 mL的塑料细管，分二段吸入新鲜培养液，胚胎在中段。根据受体牛的发情天数选择胚胎的发育阶段，一般将致密桑葚胚、早期囊胚和囊胚，分别移给发情6 d，7 d受体母牛。

(四)移植操作

移植前将可用的胚胎吸入0.25 mL塑料细管内。然后将细管(有绵塞端向后)装入移植器中待移。

受体保定、消毒和麻醉。移植者先检查受体卵巢，确定黄体位于哪一侧并记录黄体状况，分开受体阴唇，移植者将移植器插入阴道，为防止阴道污染移植器，在移植器外套上经消毒的塑料薄膜，当移植器前端到达子宫颈外口时，将塑料薄膜撤回。由于受体大都处于发情后6～8 d，子宫颈口封闭较紧，因此移植者要谨防损伤子宫颈，当移植器通过子宫颈、子宫体到达子宫角时，将胚胎注入(图5-15)。

牛胚胎的手术法移植与冲胚的操作基本相同，但切口可以小一些。首先经过直肠检查确定黄体的位置然后取出黄体侧子宫角，用钝针头在子宫角的上1/3部位穿刺，注意要避开血管。用尖端烧圆的玻璃检卵管吸取胚胎，由穿刺孔移入胚胎。移入胚胎后，将子宫角回位，缝合创口。由于非手术法移植的成功率越来越高，现在牛的手术法胚胎移植方法已很少使用。

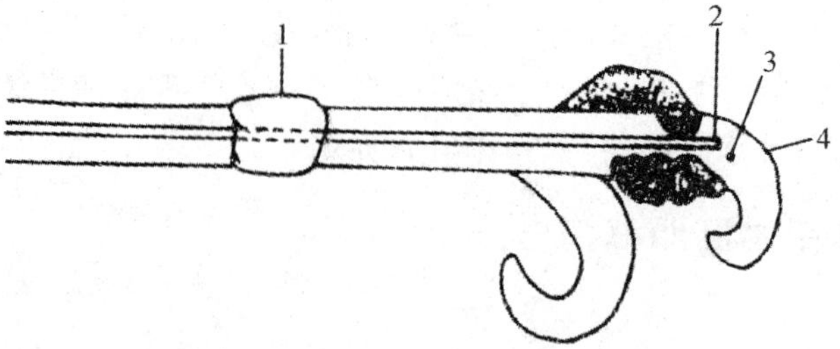

图 5-15　非手术法移入胚胎的位置

1.子宫颈　2.胚胎移植器　3.胚胎　4.子宫角大弯

【思考与训练】

1.牛、羊的同期发情处理技术是怎样的？

2.牛、羊的超数排卵处理技术是怎样的？

3.牛、羊的胚胎采集、移植胚胎技术是怎样的？